中国
页岩气
资源政策
研究

"十三五"国家重点图书

中国能源新战略——页岩气出版工程

国家出版基金项目
NATIONAL PUBLICATION FOUNDATION

编著：张大伟

华东理工大学出版社
EAST CHINA UNIVERSITY OF SCIENCE AND TECHNOLOGY PRESS
·上海·

上海高校服务国家重大战略出版工程资助项目

图书在版编目（CIP）数据

中国页岩气资源政策研究/张大伟编著. —上海：
华东理工大学出版社,2016.12
（中国能源新战略：页岩气出版工程）
ISBN 978-7-5628-4901-8

Ⅰ.①中…　Ⅱ.①张…　Ⅲ.①油页岩-矿业经济-
经济可持续发展-研究-中国　Ⅳ.①F426.1

中国版本图书馆 CIP 数据核字（2016）第 320078 号

内容提要

本书主要介绍了中国页岩气的发展概况及相关政策规划,分析探讨了中国页岩气发展的路径,并提出建议和构想。除绪论构想与路径：中国页岩气资源调查和勘探开发战略构想外,共分六章。第一章为奠基与起步：摸清中国页岩气资源家底;第二章为破题与开创：页岩气新矿种的确立;第三章为规划与调控：页岩气发展规划与管理;第四章为布局与亮点：切准页岩气勘探开发的脉搏;第五章为借鉴与合作：页岩气勘探开发对外合作;第六章为愿景与宏图：中国页岩气勘探开发前景。

本书可为从事页岩气勘探开发研究的学者提供政策上的专业指导,也可供高等学校地质学、科技政策相关专业的师生参考学习。

··

项目统筹／周永斌　马夫娇
责任编辑／马夫娇
书籍设计／刘晓翔工作室
出版发行／华东理工大学出版社有限公司
地　　址：上海市梅陇路 130 号,200237
电　　话：021-64250306
网　　址：www. ecustpress. cn
邮　　箱：zongbianban@ ecustpress. cn

印　　刷／上海雅昌艺术印刷有限公司
开　　本／710 mm×1000 mm　1/16
印　　张／13.5
字　　数／211 千字
版　　次／2016 年 12 月第 1 版
印　　次／2016 年 12 月第 1 次
定　　价／78.00 元

··

总序

一

　　能源矿产是人类赖以生存和发展的重要物质基础，攸关国计民生和国家安全。推动能源地质勘探和开发利用方式变革，调整优化能源结构，构建安全、稳定、经济、清洁的现代能源产业体系，对于保障我国经济社会可持续发展具有重要的战略意义。中共十八届五中全会提出，"十三五"发展将围绕"创新、协调、绿色、开放、共享的发展理念"展开，要"推动低碳循环发展，建设清洁低碳、安全高效的现代能源体系"，这为我国能源产业发展指明了方向。

　　在当前能源生产和消费结构亟须调整的形势下，中国未来的能源需求缺口日益凸显。清洁、高效的能源将是石油产业发展的重点，而页岩气就是中国能源新战略的重要组成部分。页岩气属于非传统（非常规）地质矿产资源，具有明显的致矿地质异常特殊性，也是我国第172种矿产。页岩气成分以甲烷为主，是一种清洁、高效的能源资源和化工原料，主要用于居民燃气、城市供热、发电、汽车燃料等，用途非常广泛。页岩气的规模开采将进一步优化我国能源结构，同时也有望缓解我国油气资源对外依存度较高的被动局面。

　　页岩气作为国家能源安全的重要组成部分，是一项有望改变我国能源结构、改变我国南方省份缺油少气格局、"绿化"我国环境的重大领域。目前，页岩气的开发利用在世界范围内已经产生了重要影响，在此形势下，由华东理工大学出版社策划的这套页岩气丛书对国内页岩气的发展具有非常重要的意义。该丛书从页岩气地质、地球物理、开发工程、装备与经济技术评价以及政策环境等方面系统阐述了页岩气全产业链理论、方法与技术，并完善了页岩气地质、物探、开发等相关理论，集成了页岩气勘探开发与工程领域相关的先进技术，摸索了中国页岩气勘探开发相关的经济、环境与政策。丛书的出版有助于开拓页岩气产业新领域、探索新技术、寻求新的发展模式，以期对页岩气关键技术的广泛推广、科学技术创新能力的大力提升、学科建设条件的逐渐改进，以及生产实践效果的显著提高等，能产生积极的推动作用，为国家的能源政策制定提供积极的参考和决策依据。

我想，参与本套丛书策划与编写工作的专家、学者们都希望站在国家高度和学术前沿产出时代精品，为页岩气顺利开发与利用营造积极健康的舆论氛围。中国地质大学（北京）是我国最早涉足页岩气领域的学术机构，其中张金川教授是第376次香山科学会议（中国页岩气资源基础及勘探开发基础问题）、页岩气国际学术研讨会等会议的执行主席，他是中国最早开始引进并系统研究我国页岩气的学者，曾任贵州省页岩气勘查与评价和全国页岩气资源评价与有利选区项目技术首席，由他担任丛书主编我认为非常称职，希望该丛书能够成为页岩气出版领域中的标杆。

让我感到欣慰和感激的是，这套丛书的出版得到了国家出版基金的大力支持，我要向参与丛书编写工作的所有同仁和华东理工大学出版社表示感谢，正是有了你们在各自专业领域中的倾情奉献和互相配合，才使得这套高水准的学术专著能够顺利出版问世。

中国科学院院士

2016年5月于北京

总序

二

　　进入21世纪，世情、国情继续发生深刻变化，世界政治经济形势更加复杂严峻，能源发展呈现新的阶段性特征，我国既面临由能源大国向能源强国转变的难得历史机遇，又面临诸多问题和挑战。从国际上看，二氧化碳排放与全球气候变化、国际金融危机与石油天然气价格波动、地缘政治与局部战争等因素对国际能源形势产生了重要影响，世界能源市场更加复杂多变，不稳定性和不确定性进一步增加。从国内看，虽然国民经济仍在持续中高速发展，但是城乡雾霾污染日趋严重，能源供给和消费结构严重不合理，可持续的长期发展战略与现实经济短期的利益冲突相互交织，能源规划与环境保护互相制约，绿色清洁能源亟待开发，页岩气资源开发和利用有待进一步推进。我国页岩气资源与环境的和谐发展面临重大机遇和挑战。

　　随着社会对清洁能源需求不断扩大，天然气价格不断上涨，人们对页岩气勘探开发技术的认识也在不断加深，从而在国内出现了一股页岩气热潮。为了加快页岩气的开发利用，国家发改委和国家能源局从2009年9月开始，研究制定了鼓励页岩气勘探与开发利用的相关政策。随着科研攻关力度和核心技术突破能力的不断提高，先后发现了以威远–长宁为代表的下古生界海相和以延长为代表的中生界陆相等页岩气田，特别是开发了特大型焦石坝海相页岩气，将我国页岩气工业推送到了一个特殊的历史新阶段。页岩气产业的发展既需要系统的理论认识和配套的方法技术，也需要合理的政策、有效的措施及配套的管理，我国的页岩气技术发展方兴未艾，页岩气资源有待进一步开发。

我很荣幸能在丛书策划之初就加入编委会大家庭，有机会和页岩气领域年轻的学者们共同探讨我国页岩气发展之路。我想，正是有了你们对页岩气理论研究与实践的攻关才有了这套书扎实的科学基础。放眼未来，中国的页岩气发展还有很多政策、科研和开发利用上的困难，但只要大家齐心协力，最终我们必将取得页岩气发展的良好成果，使科技发展的果实惠及千家万户。

这套丛书内容丰富，涉及领域广泛，从产业链角度对页岩气开发与利用的相关理论、技术、政策与环境等方面进行了系统全面、逻辑清晰地阐述，对当今页岩气专业理论、先进技术及管理模式等体系的最新进展进行了全产业链的知识集成。通过对这些内容的全面介绍，可以清晰地透视页岩气技术面貌，把握页岩气的来龙去脉，并展望未来的发展趋势。总之，这套丛书的出版将为我国能源战略提供新的、专业的决策依据与参考，以期推动页岩气产业发展，为我国能源生产与消费改革做出能源人的贡献。

中国页岩气勘探开发地质、地面及工程条件异常复杂，但我想说，打造世纪精品力作是我们的目标，然而在此过程中必定有着多样的困难，但只要我们以专业的科学精神去对待、解决这些问题，最终的美好成果是能够创造出来的，祖国的蓝天白云有我们曾经的努力！

中国工程院院士

2016年5月

总序

三

　　页岩气属于新型的绿色能源资源，是一种典型的非常规天然气。近年来，页岩气的勘探开发异军突起，已成为全球油气工业中的新亮点，并逐步向全方位的变革演进。我国已将页岩气列为新型能源发展重点，纳入了国家能源发展规划。

　　页岩气开发的成功与技术成熟，极大地推动了油气工业的技术革命。与其他类型天然气相比，页岩气具有资源分布连片、技术集约程度高、生产周期长等开发特点。页岩气的经济性开发是一个全新的领域，它要求对页岩气地质概念的准确把握、开发工艺技术的恰当应用、开发效果的合理预测与评价。

　　美国现今比较成熟的页岩气开发技术，是在20世纪80年代初直井泡沫压裂技术的基础上逐步完善而发展起来的，先后经历了从直井到水平井、从泡沫和交联冻胶到清水压裂液、从简单压裂到重复压裂和同步压裂工艺的演进，页岩气的成功开发拉动了美国页岩气产业的快速发展。这其中，完善的基础设施、专业的技术服务、有效的监管体系为页岩气开发提供了重要的支持和保障作用，批量化生产的低成本开发技术是页岩气开发成功的关键。

　　我国页岩气的资源背景、工程条件、矿权模式、运行机制及市场环境等明显有别于美国，页岩气开发与发展任重道远。我国页岩气资源丰富、类型多样，但开发地质条件复杂，开发理论与技术相对滞后，加之开发区水资源有限、管网稀疏、人口稠密等不利因素,导致中国的页岩气发展不能完全照搬照抄美国的经验、技术、政策及法规,必须探索出一条适合于我国自身特色的页岩气开发技术与发展道路。

华东理工大学出版社策划出版的这套页岩气产业化系列丛书,首次从页岩气地质、地球物理、开发工程、装备与经济技术评价以及政策环境等方面对页岩气相关的理论、方法、技术及原则进行了系统阐述,集成了页岩气勘探开发理论与工程利用相关领域先进的技术系列,完成了页岩气全产业链的系统化理论构建,摸索出了与中国页岩气工业开发利用相关的经济模式以及环境与政策,探讨了中国自己的页岩气发展道路,为中国的页岩气发展指明了方向,是中国页岩气工作者不可多得的工作指南,是相关企业管理层制定页岩气投资决策的依据,也是政府部门制定相关法律法规的重要参考。

我非常荣幸能够成为这套丛书的编委会顾问成员,很高兴为丛书作序。我对华东理工大学出版社的独特创意、精美策划及辛苦工作感到由衷的赞赏和钦佩,对以张金川教授为代表的丛书主编和作者们良好的组织、辛苦的耕耘、无私的奉献表示非常赞赏,对全体工作者的辛勤劳动充满由衷的敬意。

这套丛书的问世,将会对我国的页岩气产业产生重要影响,我愿意向广大读者推荐这套丛书。

中国工程院院士

胡文瑞

2016年5月

总序

四

　　绿色低碳是中国能源发展的新战略之一。作为一种重要的清洁能源，天然气在中国一次能源消费中的比重到2020年时将提高到10%以上，页岩气的高效开发是实现这一战略目标的一种重要途径。

　　页岩气革命发生在美国，并在世界范围内引起了能源大变局和新一轮油价下降。在经过了漫长的偶遇发现（1821—1975年）和艰难探索（1976—2005年）之后，美国的页岩气于2006年进入快速发展期。2005年，美国的页岩气产量还只有1 134亿立方米，仅占美国当年天然气总产量的4.8%；而到了2015年，页岩气在美国天然气年总产量中已接近半壁江山，产量增至4 291亿立方米，年占比达到了46.1%。即使在目前气价持续走低的大背景下，美国页岩气产量仍基本保持稳定。美国页岩气产业的大发展，使美国逐步实现了天然气自给自足，并有向天然气出口国转变的趋势。2015年美国天然气净进口量在总消费量中的占比已降至9.25%，促进了美国经济的复苏、GDP的增长和政府收入的增加，提振了美国传统制造业并吸引其回归美国本土。更重要的是，美国页岩气引发了一场世界能源供给革命，促进了世界其他国家页岩气产业的发展。

　　中国含气页岩层系多，资源分布广。其中，陆相页岩发育于中、新生界，在中国六大含油气盆地均有分布；海陆过渡相页岩发育于上古生界和中生界，在中国华北、南方和西北广泛分布；海相页岩以下古生界为主，主要分布于扬子和塔里木盆地。中国页岩气勘探开发起步虽晚，但发展速度很快，已成为继美国和加拿大之后世界上第三个实现页岩气商业化开发的国家。这一切都要归功于政府的大力支持、学界的积极参与及业界的坚定信念与投入。经过全面细致的选区优化评价（2005—2009年）和钻探评价（2010—2012年），中国很快实现了涪陵（中国石化）和威远－长宁（中国石油）页岩气突破。2012年，中国石化成功地在涪陵地区发现了中国第一个大型海相气田。此后，涪陵页岩气勘探和产能建设快速推进，目前已提交探明地质储量3 805.98亿立方米，页岩气日产量（截至2016年6月）也达到了1 387万立方米。故大力发展页岩气，不仅有助于实现清洁低碳的能源发展战略，还有助于促进中国的经济发展。

然而，中国页岩气开发也面临着地下地质条件复杂、地表自然条件恶劣、管网等基础设施不完善、开发成本较高等诸多挑战。页岩气开发是一项系统工程，既要有丰富的地质理论为页岩气勘探提供指导，又要有先进配套的工程技术为页岩气开发提供支撑，还要有完善的监管政策为页岩气产业的健康发展提供保障。为了更好地发展中国的页岩气产业，亟须从页岩气地质理论、地球物理勘探技术、工程技术和装备、政策法规及环境保护等诸多方面开展系统的研究和总结，该套页岩气丛书的出版将填补这项空白。

该丛书涉及整个页岩气产业链，介绍了中国页岩气产业的发展现状，分析了未来的发展潜力，集成了勘探开发相关技术，总结了管理模式的创新。相信该套丛书的出版将会为我国页岩气产业链的快速成熟和健康发展带来积极的推动作用。

中国科学院院士

2016年5月

丛书前言

  社会经济的不断增长提高了对能源需求的依赖程度,城市人口的增加提高了对清洁能源的需求,全球资源产业链重心后移导致了能源类型需求的转移,不合理的能源资源结构对环境和气候产生了严重的影响。页岩气是一种特殊的非常规天然气资源,她延伸了传统的油气地质与成藏理论,新的理念与逻辑改变了我们对油气赋存地质条件和富集规律的认识。页岩气的到来冲击了传统的油气地质理论、开发工艺技术以及环境与政策相关法规,将我国传统的"东中西"油气分布格局转置于"南中北"背景之下,提供了我国油气能源供给与消费结构改变的理论与物质基础。美国的页岩气革命、加拿大的页岩气开发、我国的页岩气突破,促进了全球能源结构的调整和改变,影响着世界能源生产与消费格局的深刻变化。

  第一次看到页岩气(Shale gas)这个词还是在我的博士生时代,是我在图书馆研究深盆气(Deep basin gas)外文文献时的"意外"收获。但从那时起,我就注意上了页岩气,并逐渐为之痴迷。亲身经历了页岩气在中国的启动,充分体会到了页岩气产业发展的迅速,从开始只有为数不多的几个人进行页岩气研究,到现在我们已经有非常多优秀年轻人的拼搏努力,他们分布在页岩气产业链的各个角落并默默地做着他们认为有可能改变中国能源结构的事。

  广袤的长江以南地区曾是我国老一辈地质工作者花费了数十年时间进行油

气勘探而"久攻不破"的难点地区,短短几年的页岩气勘探和实践已经使该地区呈现出了"星星之火可以燎原"之势。在油气探矿权空白区,渝页1、岑页1、西科1、常页1、水页1、柳页1、秭地1、安页1、港地1等一批不同地区、不同层系的探井获得了良好的页岩气发现,特别是在探矿权区域内大型优质页岩气田(彭水、长宁-威远、焦石坝等)的成功开发,极大地提振了油气勘探与发现的勇气和决心。在长江以北,目前也已经在长期存在争议的地区有越来越多的探井揭示了新的含气层系,柳坪177、牟页1、鄂页1、尉参1、郑西页1等探井不断有新的发现和突破,形成了以延长、中牟、温县等为代表的陆相页岩气示范区和海陆过渡相页岩气试验区,打破了油气勘探发现和认识格局。中国近几年的页岩气勘探成就,使我们能够在几十年都不曾有油气发现的区域内再放希望之光,在许多勘探失利或原来不曾预期的地方点燃了燎原之火,在更广阔的地区重新拾起了油气发现的信心,在许多新的领域内带来了原来不曾预期的希望,在许多层系获得了原来不曾想象的意外惊喜,极大地拓展了油气勘探与发现的空间和视野。更重要的是,页岩气理论与技术的发展促进了油气物探技术的进一步完善和成熟,改进了油气开发生产工艺技术,启动了能源经济技术新的环境与政策思考,整体推高了油气工业的技术能力和水平,催生了页岩气产业链的快速发展。

该套页岩气丛书响应了国家《能源发展"十二五"规划》中关于大力开发非常规能源与调整能源消费结构的愿景,及时高效地回应了《大气污染防治行动计划》中对于清洁能源供应的急切需求以及《页岩气发展规划(2011—2015年)》的精神内涵与宏观战略要求,根据《国家应对气候变化规划(2014—2020)》和《能源发展战略行动计划(2014—2020)》的建议意见,充分考虑我国当前油气短缺的能源现状,以面向"十三五"能源健康发展为目标,对页岩气地质、物探、工程、政策等方面进行了系统讨论,试图突出新领域、新理论、新技术、新方法,为解决页岩气领域中所面临的新问题提供参考依据,对页岩气产业链相关理论与技术提供系统参考和基础。

承担国家出版基金项目《中国能源新战略——页岩气出版工程》(入选《"十三五"国家重点图书、音像、电子出版物出版规划》)的组织编写重任,心中不免惶恐,因为这是我第一次做分量如此之重的学术出版。当然,也是我第一次有机会系统地来梳理这些年我们团队所走过的页岩气之路。丛书的出版离不开广大作者的辛勤付出，他们以实际行动表达了对本职工作的热爱、对页岩气产业的追求以及对国家能源行业发展的希冀。特别是，丛书顾问在立意、构架、设计及编撰、出版等环节中也给予了精心指导和大力支持。正是有了众多同行专家的无私帮助和热情鼓励，我们的作者团队才义无反顾地接受了这一充满挑战的历史性艰巨任务。

该套丛书的作者们长期耕耘在教学、科研和生产第一线，他们未雨绸缪、身体力行、不断探索前进，将美国页岩气概念和技术成功引进中国；他们大胆创新实践，对全国范围内页岩气展开了有利区优选、潜力评价、趋势展望；他们尝试先行先试，将页岩气地质理论、开发技术、评价方法、实践原则等形成了完整体系；他们奋力摸索前行，以全国页岩气蓝图勾画、页岩气政策改革探讨、页岩气技术规划促产为己任，全面促进了页岩气产业链的健康发展。

我们的出版人非常关注国家的重大科技战略，他们希望能借用其宣传职能，为读者提供一套页岩气知识大餐，为国家的重大决策奉上可供参考的意见。该套丛书的组织工作任务极其烦琐，出版工作任务也非常繁重，但有华东理工大学出版社领导及其编辑、出版团队前瞻性地策划、周密求是地论证、精心细致地安排、无怨地辛苦奉献，积极有力地推动了全书的进展。

感谢我们的团队，一支非常有责任心并且专业的丛书编写与出版团队。

该套丛书共分为页岩气地质理论与勘探评价、页岩气地球物理勘探方法与技术、页岩气开发工程与技术、页岩气技术经济与环境政策等4卷，每卷又包括了按专业顺序而分的若干册，合计20本。丛书对页岩气产业链相关理论、方法及技术等进行了全面系统地梳理、阐述与讨论。同时，还配备出版了中英文版的页岩气原理与技术视频（电子出版物），丰富了页岩气展示内容。通过这套丛书，我们希望能为页岩气科研与生产人员提供一套完整的专业技术知识体系以促进页岩气理论与实践的进一步发展，为页岩气勘探开发理论研究、生产实践以及教学培训等提供参考资料，为进一步突破页岩气勘探开发及利用中的关键技术瓶颈提供支撑，为国家能源政策提供决策参考，为我国页岩气的大规模高质量开发利用提供助推燃料。

国际页岩气市场格局正在成型，我国页岩气产业正在快速发展，页岩气领域中的科技难题和壁垒正在被逐个攻破，页岩气产业发展方兴未艾，正需要以全新的理论为依据、以先进的技术为支撑、以高素质人才为依托，推动我国页岩气产业健康发展。该套丛书的出版将对我国能源结构的调整、生态环境的改善、美丽中国梦的实现产生积极的推动作用，对人才强国、科技兴国和创新驱动战略的实施具有重大的战略意义。

不断探索创新是我们的职责，不断完善提高是我们的追求，"路漫漫其修远兮，吾将上下而求索"，我们将努力打造出页岩气产业领域内最系统、最全面的精品学术著作系列。

丛书主编

2015年12月于中国地质大学（北京）

前

言

　　当今进入中国页岩气领域的人都很幸运,能够直接参与这一新型清洁能源的开拓是人生中一次难得的机遇。我从 2002 年开始"追踪"页岩气至今,这十多年的时间里,持续组织和参加了页岩气资源调查评价和相关管理制度、规程以及规划政策的研究和探索。回头看走过的路,既有筚路蓝缕艰辛创业的感慨,也有取得些许成绩后的欣慰。

　　作为一名页岩气事业的研究者、开拓者和推动者,我亲历了中国页岩气从不知到知之、从无到有、从起步到突破的一系列过程,参与了若干重要事件。在这本书中,我想以一名亲历者的视角,把我多年来对页岩气的认识和所经历并探索研究的成果展现出来。当我把中国页岩气发展的奠基与起步、破题与开创、规划与调控、布局与亮点、借鉴与合作、愿景与宏图所有这一切编织在一起的时候,我能深切地感受到一个正在实现着的判断——中国页岩气发展是必然的。它正随着中国经济新常态和时代的发展,在中国大地掀起一股热潮、势不可挡,中国也因此而成为全球除北美以外地区唯一成功实现商业化开发页岩气的国家。

　　页岩气作为清洁能源中的"新贵",无疑将对中国能源结构、能源安全、生态环境和经济发展,以及体制机制和政策走向产生重大的影响,也将会带来新的机遇和挑战。事实上,我正是从多年的研究和探索中才深切体会到中国页岩气的发展路径和未来可期的远景目标。当然,在这个过程中也经历了许多困难,甚至不解,而充满信心的坚持和不断创新的探索一直是推动这一过程的源动力。从实施页岩气资源调查评价,到确立页岩气新矿种,再到页岩气探矿权招标出让,直到页岩气勘查开发取得突破;从页岩气发展规划和政策研究制定,到页岩气相关规范标准出台,再到页岩气跨越式发展思路的形成,这一切都经历了不断的探索和实践。

这十多年的研究只是万里长征的第一步,中国页岩气资源政策研究还有超出我们视野的巨大空间,还要继续密切关注与页岩气勘探生产和利用实践相结合,不断深入和扩展,形成研究-实践-再研究-再实践的机制。

中国页岩气的发展还有许多困难需要我们去克服,还有许多问题需要我们去解决,还有许多争议需要我们去辨明——所有这些都需要我们为之而努力。"弄潮儿向潮头立,手把红旗旗不湿",我相信,通过大家的辛勤与智慧,中国页岩气事业一定会科学、健康、有序地发展下去。

2016 年 10 月

目

录

中国
页岩气
资源政策
研究

绪　论

构想与路径：
中国页岩气资源
调查和勘探开发
战略构想

第一节　　加速我国页岩气资源调查和勘探开发战略构想

一、世界页岩气资源潜力和勘探开发的发展趋势

页岩气是指赋存于泥页岩中、以吸附及游离状态存在的非常规天然气。据预测，世界页岩气资源量为 $456 \times 10^{12}\,\mathrm{m}^3$，主要分布在北美、中亚和中国、中东以及北非、拉丁美洲、俄罗斯等地区（图 0 - 1）。

页岩气资源研究和勘探开发最早始于美国，1821 年，世界上第一口页岩气井钻于美国东部，20 世纪 20 年代开始规模生产，70 年代页岩气勘探开发区扩展到美国中、西部地区，到了 90 年代，在政策、价格和开发技术进步等因素的推动下，页岩气成为重要的勘探开发领域和目标（图 0 - 2）。据预测，美国页岩气资源量超过 $28 \times 10^{12}\,\mathrm{m}^3$，目前美国和加拿大已成为页岩气规模开发的两个主要国家。2009 年，美国页岩气产量接近

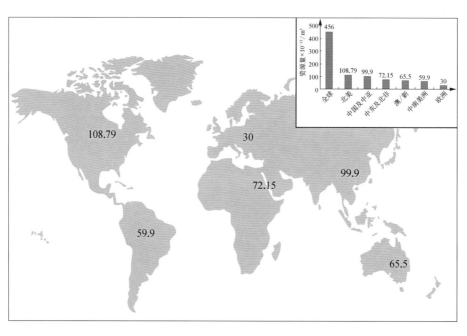

图 0 - 1
全球页岩气
资源潜力及
分布

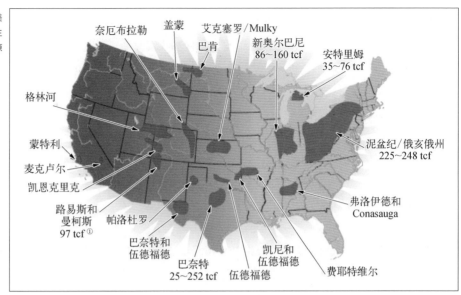

图 0-2 美国页岩气主要盆地资源潜力

$1\,000 \times 10^8\,\text{m}^3$，超过我国常规天然气的年产量。页岩气快速勘探开发使美国天然气储量增加了 40%，2012 年页岩气产量已占全美天然气产量的 40% 以上（图 0-3）。

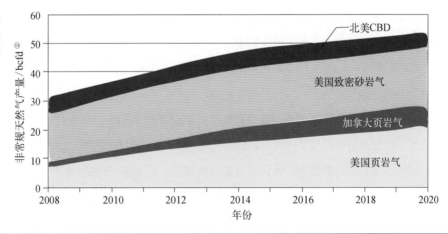

图 0-3 北美地区页岩气及其他非常规天然气产量预测

① 1 万亿立方英尺（tcf）= 283.17 亿立方米 = $283.17 \times 10^8\,\text{m}^3$。

② 10 亿立方英尺/天（bcfd）= 2 831.7 万立方米/天 = $2\,831.7 \times 10^4\,\text{m}^3/\text{d}$。

近年来,随着社会对清洁能源需求的日益扩大、天然气价格的不断上涨、对页岩气地质认识的逐渐提高以及钻井工艺的进步,页岩气勘探开发正由北美向全球扩展,页岩气在非常规天然气中异军突起,已成为全球非常规油气资源勘探开发的新亮点。加快页岩气资源勘探开发,已经成为世界主要页岩气资源大国和地区的共同选择。目前,除美国和加拿大外,澳大利亚、德国、法国、瑞典、波兰等国家也开始了页岩气的研究和勘探开发工作。

二、 我国页岩气资源潜力和勘探开发形势

据估算,我国页岩气可采资源量约为 $26 \times 10^{12} \text{ m}^3$,与美国大致相当。页岩气除分布在四川、鄂尔多斯、渤海湾、松辽、江汉、吐哈、塔里木和准噶尔等含油气盆地外,在我国广泛分布的海相页岩地层、海陆交互相页岩地层及陆相地层也都有分布(图0-4)。我国页岩地层在各地质历史时期均十分发育,既有有机质含量高的古生界海相页岩、海陆交互相页岩,也有有机质丰富的中、新生界陆相页岩。在油气、煤炭勘探中,甚至固体矿产勘探时已在油气盆地及盆地外的沉积地层中发现多处页岩气显示。川南、川东、渝东南、黔北、鄂西等上扬子地区是我国页岩气主要远景区之一(图0-5),以四川盆地为例,仅评价的寒武系和志留系两套页岩,其页岩气资源量就相当于该盆地常规天然气资源量的1.5~2.5倍。我国页岩气资源勘探开发前景很好,具有加快勘探开发的巨大资源基础。

目前,我国页岩气资源调查与勘探开发还处于探索起步阶段。20世纪60—90年代,在个别盆地页岩中发现了泥页岩裂缝油气藏,至今,尚未对我国页岩气资源潜力进行全面估算,页岩气资源有利目标区有待进一步落实。近年来,页岩气资源已引起我国油气界的广泛关注,国内已相继召开多次页岩气研讨会。国土资源部油气资源战略研究中心从2004年起,与中国地质大学(北京)合作,跟踪调研我国页岩气资源状况和世界页岩气资源的发展动态。2009年在全国油气资源战略选区专项中,设立了"中国重点地区页岩气资源潜力及有利区带优选"项目。同年11月,在重庆市彭水县连湖乡实施了第一口页岩气资源战略调查井,获得了良好的页岩气资源显示。国内三大石油

图0-4 中国页岩气有利勘探区域示意

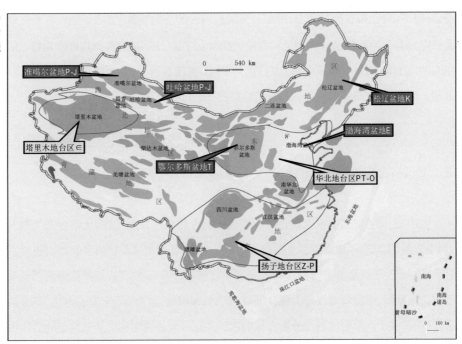

图0-5 上扬子地区页岩气有利地区

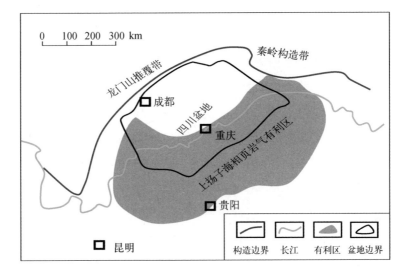

公司也积极地将页岩气勘探开发列为非常规油气资源的重点。中国石油天然气集团公司(以下简称"中石油")于2007年与美国新田石油公司签署了《威远地区页岩气联合研究》协议;2009年又与壳牌公司在重庆富顺－永川区块启动合作勘探开发项目。中国石油化工集团公司(以下简称"中石化")、中国海洋石油公司(以下简称"中海油")和相关科研机构、高等院校等也已开始对页岩气进行研究和部署。

三、 我国页岩气资源战略调查和勘探开发的指导思想和战略目标

党中央、国务院高度重视页岩气资源战略调查和勘探开发工作,已将页岩气列入《科学发展的2030年国家能源战略研究报告》,国家发展改革委和国家能源局也一直在研究制定关于鼓励页岩气勘探开发利用的政策。2009年11月,美国总统奥巴马来我国访问期间,中美双方领导人就开展清洁能源领域的合作广泛交换了意见,双方签署了《中美关于在页岩气领域开展合作的谅解备忘录》,将两国在页岩气领域的合作推上了国家层面。大力推进页岩气资源调查和勘探开发,已成为我国油气资源领域重要而迫切的战略任务。

1. 指导思想和工作原则

我国页岩气资源调查和勘探开发工作刚刚开始,近期的指导思想和工作原则是:(1)根据国民经济中长期规划和能源发展战略的要求,统筹页岩气资源战略调查和勘探开发,科学规划,合理布局,使页岩气资源成为可供利用的清洁能源。(2)根据我国页岩气地质条件,注重基础,突出重点,加强页岩气的基础地质和富集成藏规律研究,强化重点地区页岩气资源调查,获得更多的页岩气资源储量,探索页岩气资源战略调查和勘探开发模式。

2. 战略目标

(1)查明我国页岩气资源分布状况,形成页岩气基础地质资料数据和系列图件,优选出50~80个页岩气的有利目标区。

(2)提出20~30个页岩气可勘探开发区,形成数个页岩气开发试验区,使页岩气资源成为国民经济建设重要的清洁能源之一。

（3）形成适合我国地质条件的页岩气地质理论和资源评价方法参数体系,制定页岩气储量产量发展规划。

（4）建立适合我国不同类型页岩气资源战略调查和勘探开发等技术体系及我国页岩气资源战略调查和勘探开发技术标准、规范。

四、 加速我国页岩气资源战略调查和勘探开发的措施与建议

1. 开展全国性页岩气资源调查

（1）根据我国页岩分布和页岩气富集的地质条件,制定我国页岩气资源战略调查和勘探开发规划,进一步查明我国页岩气分布特征及地质条件,圈定页岩气发育区,预测页岩气资源潜力与分布。进行页岩气探明储量趋势预测研究,对我国页岩气资源战略调查和勘探开发目标、重点和发展阶段作出科学规划,明确发展定位,编制我国页岩气资源战略调查和勘探开发中长期发展规划。

（2）优选有利目标区和勘探开发区。南方海相页岩地层、北方湖相页岩地层和广泛分布的海陆交互相地层等将是今后页岩气勘探的主要区域。四川、鄂尔多斯、渤海湾、松辽等八大盆地页岩气富集条件优越,是未来页岩气勘探的主要对象,含油气盆地之外广泛分布的页岩也是重要的勘查目标。① 以川南、川东南、黔北、渝东南、渝东北、川东、渝东鄂西为重点,加大勘探力度,加快勘探步伐,争取获得重大进展。提交页岩气储量重点选择我国南方海相页岩地层,特别是上扬子地区,作为战略突破区,针对四川盆地及其周缘的下寒武统、下志留统、二叠系等页岩地层,开展页岩气地质和富集条件调查,力争率先实现重大突破。② 选择我国海陆交互相和湖相页岩地层,作为战略准备区,针对下扬子和华北海陆交互相、松辽盆地下白垩统、渤海湾盆地古近系、鄂尔多斯盆地上三叠统等湖相泥页岩地层,开展页岩气地质综合调查和资源前景分析,力争实现新发现。

2. 建立页岩气勘探开发先导试验区

目前,我国页岩气开发还不具备规模建产的资源基础,从目前勘探准备和可能提交的储量情况分析,四川盆地及其周缘将是近期页岩气开发的主阵地,将川渝黔鄂页

岩气资源战略调查先导试验区作为近期重要的建产阵地;鄂尔多斯、渤海湾、松辽等现有含油气盆地和盆地外广泛分布的页岩区作为第二梯次的开发阵地,作为接替资源进行开发。下一步应做好探明储量开发评价和目标区优选、建产准备工作,力争 2020 年实现页岩气年产能$(60 \sim 150) \times 10^8$ m^3。同时,着力解决我国页岩气重大地质问题和关键技术方法,形成页岩气资源技术标准和规范。

3. 加强页岩气富集成藏地质理论及技术方法研究

加强我国页岩气富集成藏地质理论及技术方法研究工作主要从以下两方面开展。

(1)开展我国页岩发育和页岩气富集类型研究,重点研究我国页岩气富集成藏模式及特点、页岩气资源分布规律、资源潜力和评价方法参数体系,构建符合我国地质条件、对我国页岩气资源战略调查和勘探开发具有指导意义的中国页岩气地质理论体系。

(2)大力推进页岩气勘探开发技术创新,构筑勘探开发技术体系。以页岩气地球物理、地球化学及钻井工艺的关键技术、核心技术为重点,通过引进、吸收、提高、完善和创新逐步形成适合我国页岩气地质特点、自主创新的关键技术系列。

4. 培养人才队伍,建设页岩气资料信息共享和社会化服务体系

通过页岩气资源战略调查和勘探开发计划的实施,培养出一批业务骨干,在全国主要盆地建立起以页岩气资源战略调查和勘探开发为主的专业队伍,通过创新性的页岩气地质资料数据管理和服务机制,实现页岩气地质资料信息共享,提高页岩气地质资料社会化利用效益,为政府资源管理和企业及社会提供服务。

5. 制定鼓励页岩气资源调查和勘探开发政策

在对美国等国家鼓励页岩气发展政策进行调研的基础上,结合我国实际,参照国内煤层气勘探开发优惠政策,制定发展页岩气的优惠政策。国家财政也适当地加大对页岩气资源战略调查的投入,并鼓励社会资金投入;同时制定关键技术研发和推广应用的优惠政策等,以引导和推动页岩气产业化发展。

6. 完善和创新页岩气矿业权管理制度

根据页岩气丰度低、分布广、勘探开发灵活性强的特点,借鉴煤层气矿业权管理经验,设立专门的页岩气区块登记制度,实行国家一级管理。页岩气矿业权可与常规石油、天然气、煤层气区块重合,也可单独设立。应允许具备资质的地方企业、民营资本等,通过合资、入股等多种方式参与、从事页岩气的勘探开发。

7. 加强国际合作与交流

加快我国页岩气资源战略调查和勘探开发还需要密切关注世界页岩气发展动向，以平等合作、互利共赢的原则，积极参与页岩气国际组织活动，促进双边合作。此外，还要加强与国外有实力公司的合作开发，为我国页岩气勘探开发引进先进理念与开发技术、探索和创建适合我国页岩气地质特点的勘探开发技术奠定基础。

8. 加快制定页岩气技术标准和规范

加强政府引导，依托页岩气资源战略调查重大项目和勘探开发先导试验区的实施，加快页岩气资源战略调查及勘探开发技术标准和规范体系建设，促进信息资料共享和规范管理。同时加强知识产权保护，积极参与页岩气国际标准的制定。

第二节　加快中国页岩气勘探开发和利用的主要路径

目前，页岩气的开发利用已成为全球油气勘探开发的新亮点。加快页岩气资源勘探开发和利用，对于改变我国油气资源格局，甚至改变整个能源结构、缓解我国油气资源短缺、保障国家能源安全、促进经济社会发展等都有十分重要的意义。

一、我国页岩气资源潜力与勘探开发状况

我国页岩气资源类型多、分布范围广、开发利用潜力大。我国海相沉积分布面积达 $300 \times 10^4 \ km^2$，海陆交互相沉积面积超过 $200 \times 10^4 \ km^2$，陆上海相沉积面积约 $280 \times 10^4 \ km^2$。这些沉积区内均具有富含有机质页岩的地质条件，页岩地层在各地质历史时期十分发育，形成了海相、海陆交互相及陆相多种类型富有机质页岩层系。海相厚层富有机质页岩主要分布在我国南方，以扬子地区为主；海陆交互相中薄层富有机质泥页岩主要分布在我国北方，以华北、西北和东北地区为主；湖相中厚层富有机质泥岩主要分布在大中型含油气盆地，以松辽、鄂尔多斯等盆地为主(图 0-6)。

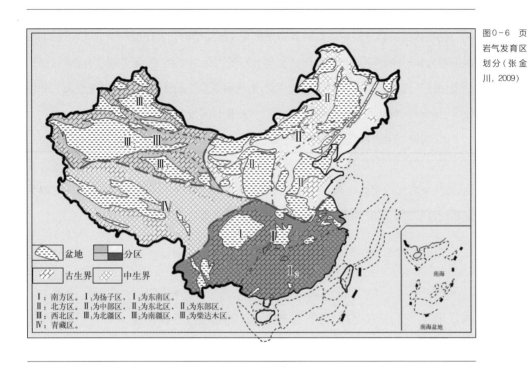

图0-6 页
岩气发育区
划分(张金
川, 2009)

据估算,我国页岩气可采资源量大约为 26×10^{12} m³,南方、北方、西北及青藏地区各占页岩气可采资源总量的 46.8%、8.9%、43% 和 1.3%,古生界、中生界和新生界各占页岩气资源总量的 66.7%、26.7% 和 6.6%。

目前,我国页岩气勘探开发还处于起步阶段。在公益性、基础性页岩气资源战略调查方面,国土资源部油气资源战略研究中心从 2002 年开始跟踪调查国外页岩气发展动态,2004 年开始与中国地质大学(北京)合作,重点研究我国富有机质泥页岩发育情况,进行中、新生代含油气盆地泥页岩和古生代地层富有机质泥页岩的分析。在此基础上,根据我国页岩气资源分布和类型以及进展情况,于 2009 年启动了"中国重点地区页岩气资源潜力及有利区带优选"项目,开展了页岩气先导试验区建设。整个页岩气资源战略调查工作按三个梯次部署展开。

第一梯次是先期设置以海相地层为主的上扬子川渝黔鄂页岩气战略调查先导试验区,包括四川、重庆、贵州和湖北省(市)的部分地区,面积约 20×10^4 km²(图 0-7)。经过两年多的探索实践,先导试验取得了多项成果和认识:(1) 摸清了区域内发育的

图0-7 川渝黔鄂页岩气战略调查先导试验区分布范围示意

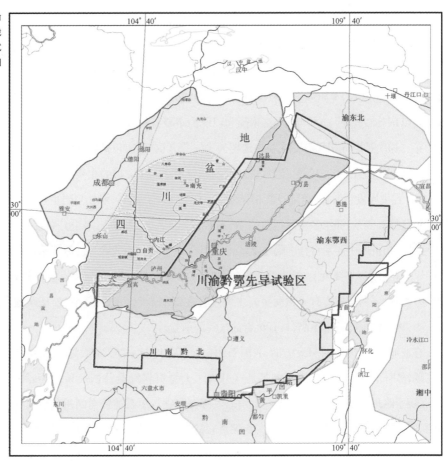

6套富有机质页岩层系,其中,牛蹄塘组、龙马溪组分布范围广、规模大,为主力层系;(2) 首次在四川长宁地区(龙马溪组)、重庆綦江观音桥、华蓥山三百梯(下志留统)建立了三条我国首批页岩地层示范剖面;(3) 系统研究和掌握了主要目的层富有机质页岩的分布特征,分析了岩石矿物组分,初步掌握了有机地化特征;(4) 建立了页岩气有利目标区优选标准,优选出20个页岩气富集有利区;(5) 初步建立了以体积法为主的页岩气资源评价方法,估算了页岩气有利目标区的资源量;(6) 初步建立了一套页岩气资源调查评价技术方法。

第二梯次是在以海相地层为主的下扬子苏皖浙区,包括江苏、浙江、安徽省的部分地区,展开页岩气资源调查。取得的成果及认识主要有:(1)下扬子地区富有机质暗色页岩主要发育于下寒武统荷塘组和上二叠统龙潭组。(2)富有机质页岩主要分布在寒武统荷塘组中下部,以泾县-安吉-宁国-休宁一带最为发育;上二叠统龙潭组暗色泥页岩主要分布于安徽泾县-广德-长兴及苏南地区。(3)下寒武统荷塘组页岩厚度大,有机质类型较好,有机质资源较丰富,以江南隆起以北为较有利区。二叠系龙潭组以泾县以东、长兴以西、长江以南、江南隆起以北为主要有利远景区。

第三梯次是以陆相和海陆交互相地层为主的北方重点区,包括华北、东北、西北的部分省区市的部分地区,开展页岩气资源前期调查研究。已取得的主要成果及认识包括:(1)古生界发育海相、海陆过渡相和陆相三类富有机质页岩,海相页岩主要发育在准噶尔盆地石炭系、鄂尔多斯盆地奥陶系-石炭系,海陆过渡相页岩集中分布在石炭-二叠系,陆相页岩主要发育在准噶尔盆地中上二叠统;(2)中生界三叠-侏罗系发育湖沼相煤系泥页岩,主要发育在准噶尔、塔里木、吐哈等盆地,厚度大、有机质丰度高;(3)中生界半-深湖相富有机质泥页岩主要发育在鄂尔多斯盆地三叠系、松辽盆地白垩系等,热演化程度普遍不高,具有页岩油气资源前景。

在商业性页岩气勘探开发方面,我国石油企业已在川南、渝东鄂西、泌阳、济阳和东濮、鄂尔多斯、沁水、松辽、辽河东部等地区开展了大量页岩气老井试气和钻探评价工作,加快了四川、泌阳、鄂尔多斯等盆地页岩气勘探突破。中石油针对四川盆地及其周缘的下寒武统、上奥陶统-下志留统海相泥页岩持续开展了地质研究和勘探工作,取得了较好的页岩气勘探效果,该公司实施的威201井、宁201井,在下志留统龙马溪组显示了较好的页岩气水平,压裂测试气量较高,并成功钻探了我国第一口页岩气水平井。中石化陆相页岩气勘探取得重要进展,泌阳凹陷安深1井、鄂西渝东地区的建111井、四川元坝9井以及贵州黄平区块钻探的黄页1井都钻遇厚暗色泥页岩,获得了较好的气测显示结果。这些成果大大提振了信心,加快了我国页岩气勘探开发的步伐。

二、 美国的实践经验与我国页岩气勘探开发面临的问题

美国是世界上页岩气勘探开发最早、最成功的国家。美国页岩气的快速发展有许

多值得学习借鉴的经验,主要包括以下几个方面。

(1) 出台的优惠政策起到了扶持作用。1978—1992 年,美国联邦政府对煤层气、页岩气等开发项目实施了长达 15 年的补贴政策,州政府也出台了相应的税收减免政策。对油气行业实施的其他五种税收优惠政策,极大地鼓励了小企业的钻探开发投资,有力地扶持和促进了页岩气的勘探开发。

(2) 技术进步起到了巨大的推动作用。美国政府自 20 世纪 70 年代起,就设立专项资金用于支持页岩气基础理论研究和开发关键技术攻关,率先在世界上成功研发了页岩气水平钻井和多段压裂技术并加以大规模应用,直接推动了页岩气的商业化开发。

(3) 开放的竞争环境起到了促进作用。美国页岩气勘探开发准入门槛低、勘探开发主体多元化。美国的页岩气勘探开发主要由中小公司推动,85% 的页岩气由中小公司生产。在低回报、高成本的压力下,中小型公司的技术革新行动更为迅速,而大公司可以在长期性和投入稳定性上得到更多保证,因此出现了中小公司取得技术和产业突破,大公司则通过收购和兼并中小公司参与并进入市场,形成了大中小石油企业并存发展的市场竞争格局。

(4) 健全的市场监管制度起到了保障作用。美国政府十分重视页岩气勘探开发中的监管问题。凡与页岩气勘探开发相关的管理部门,均在其履行的职责中赋有监管职能,这种分工明确且有效的行业监管制度也是美国页岩气开发取得成功的重要因素之一。

(5) 完善的基础设施起到了支持作用。美国天然气管网和城市供气网络十分发达,天然气管网总长超过 40×10^4 km,大大减少了页岩气在开发利用环节的前期投入,降低了市场风险。同时,自 1993 年起实行了天然气开发和运输的全面分离,运输商对天然气供应商实施无歧视准入制度。管道运输价格受到监管,而天然气价格则完全放开,从而有力地支持了页岩气开发的商品化。

(6) 专业的技术服务起到了支撑作用。美国油气专业服务公司具有强大的技术优势,自主研发仪器装备,且门类齐全,专业化程度高。水平钻井、完井、固井和多段压裂等工程以及测井、实验测试等一般都委托专业技术服务公司进行。

我国页岩气富集地质条件优越,具有与美国大致相当的页岩气资源前景及开发潜力。现阶段,我国页岩气勘探开发面临的问题主要包括以下几个方面。

（1）资源家底不清。近年来,尽管我国在页岩气地质理论、潜力评价和有利区优选等方面已经进行了初步探索,取得了一定的进展,但我国页岩气的赋存规律和含气页岩基本参数还有待深入研究,页岩气资源潜力尚未进行系统评价,页岩气远景区和有利目标区尚未优选和圈定。

（2）缺乏政策支持。页岩气勘探开发初期特别是起步阶段,具有风险大、成本高的特点,一般需要政府在财税方面给予一定的政策支持,当形成规模和市场完善后再取消财税支持政策。目前,我国虽然已有矿产资源补偿费、探矿权、采矿权使用费等减免的一些优惠政策,但尚未专门出台支持页岩气勘探开发的税费优惠和补贴等政策。

（3）缺乏核心技术。与美国相比,我国在资源评价和水平井、压裂增产开发技术等方面,尚未形成页岩气商业开发的核心技术体系。此外,我国页岩气地质条件更为复杂,页岩层系时代老,热演化程度高,经历了多期构造演化,埋藏深,保存条件不够理想,开发技术要求更高,目前的技术水平尚不能完全满足页岩气勘探开发的要求。

（4）投资主体单一。按照现行规定和管理体制,我国油气矿业权主要授予中石油、中石化、中海油和延长石油四大石油企业。这种垄断性的体制和投资主体的单一化,排斥了其他投资主体的进入,再加上市场监管不到位等因素,制约了资源开发的市场竞争。美国经验表明,实行投资主体多元化,形成有序的竞争机制,将会在页岩气勘探开发中显现出非常显著的效果。

（5）管网设施不足。美国发达的天然气管网大大降低了页岩气的开发利用成本。与美国相比,我国管网设施建设滞后,且已有管网设施在第三方准入、市场开放等方面存在体制不顺、垄断经营及缺乏政策支持等弊端,极大限制了页岩气的高效开发。随着页岩气大规模开发,基础设施不足等问题将会成为制约我国页岩气开发利用的瓶颈。

三、 加快我国页岩气勘探开发和利用的主要路径

虽然我国页岩气勘探开发起步较晚,但开局良好,呈现出了积极的发展态势。借鉴国外发展页岩气的先进经验,结合我国实际,寻找加快发展的路径,探索并形成具有

中国特色的页岩气资源勘探开发和利用体系,获得更多的非常规天然气储量,满足我国天然气消费不断增长的需要,促进向清洁能源经济模式的转化和经济社会又好又快发展,显得十分迫切。因此,笔者认为,加快我国页岩气勘探开发和利用的路径应是"调查先行、规划调控、招标出让、多元投入、技术攻关、对外合作、建设管网、注重环保"。

(1)调查先行

在全国范围内,对我国页岩气资源潜力进行总体评价,查明我国页岩气资源分布,优选页岩气富集有利区,初步摸清我国页岩气资源"家底"。从2011年开始,国土资源部油气资源战略研究中心以点面结合的方式,部署启动了"全国页岩气资源潜力调查及有利区优选"项目(图0-8)。在点上,根据我国页岩气资源分布和不同特点,继续实施上扬子海相川渝黔鄂先导试验区的五个重点项目,设置下扬子皖浙苏、东北陆相和华北海陆交互相的先导试验区建设,建立页岩气资源潜力调查评价刻度区,评价资

图0-8
全国页岩气资源潜力调查评价分区示意

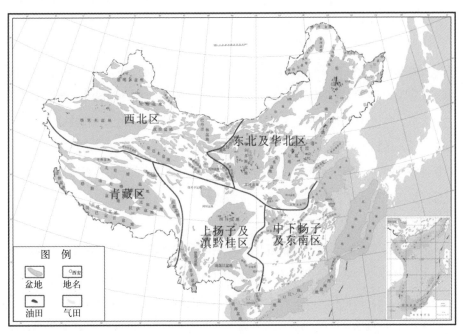

源潜力,优选有利目标区,争取实现突破;在面上,将全国划分为上扬子及滇黔桂区、中下扬子及东南地区、华北及东北区、西北区、青藏区五个大区,全面掌握各区域特点和分布特征,获取各区块主要目的层位的富有机质页岩基本参数,初步评价资源潜力,优选页岩气富集远景区。通过这些调查从而为推动我国页岩气勘探开发、制定能源规划特别是页岩气中长期发展规划和宏观决策以及资源管理提供依据。

（2）规划调控

制定科学合理的规划,充分发挥规划的调控作用,是促进页岩气勘查开发和利用的重要措施。"十二五"时期,根据国家"十二五"规划明确提出的"推进页岩气等非常规油气资源的开发利用"的要求,相关部门着手研究并制定出了《页岩气发展规划(2011—2015年)》,科学规划出了我国页岩气的发展定位、发展目标、重点和措施,这对我国"十二五"时期页岩气的发展进行了合理引导和综合布局。面向"十三五",中国页岩气亟待快速发展。2016年9月底,《页岩气发展规划(2016—2020年)》新鲜出炉,这一规划的出台将很好地指导"十三五"时期我国页岩气的发展。有关此规划的解读将在后文介绍。

（3）招标出让

根据页岩气丰度低、分布广、勘探开发灵活性强的特点,深入研究我国页岩气矿业权设置制度。借鉴煤层气矿业权管理经验,设立专门的页岩气区块登记制度,实行国家一级管理。开展页岩气探矿权招标出让,引入市场机制,探索促进投资、激发市场活力的尝试。实行行政合同管理,掌握中标方勘探动态,规定最低应达到的勘探程度,确定年均投入达到法定最低勘查投入高限的倍数和 $1\,000\ km^2$ 最低投入的实际工作量。对具备条件的,应进行压裂和试采,力争实现突破并转入开采。同时,要加强对页岩气招标区块成果和勘查资料的汇交管理。

（4）多元投入

加强页岩气勘查开发管理,创造开放的竞争环境,推进页岩气勘查开发投资主体多元化,鼓励中小企业和民营资本参与。给予页岩气与国内煤层气勘查开发一样的投资主体地位,允许具备资质的企业、民营资本等,通过合资、入股等多种方式参与页岩气的勘查开发,或独立投资,直接从事页岩气勘查开发。加强市场监管,维护勘查开发秩序,形成合理有序的竞争格局,加快突破,促进勘查开发。

（5）技术攻关

加大科技投入，促进科技创新，加强对页岩气研究和工程技术的财税投入与组织力度。组织全国优势科技力量，大力开展页岩气勘探开发核心技术的攻关研究，鼓励各大企业研发并推广应用成熟新技术、新工艺，为页岩气的勘探开发和跨越式发展提供有效的理论和技术支撑，不断提高资源开发效率。

（6）对外合作

加强页岩气国际合作与交流，积极引进国外页岩气开发先进技术。继续跟踪美国页岩气勘探开发技术进展，引进和消化页岩气勘探开发技术。在页岩气资源战略调查和勘探开发初期，可考虑与国外有经验的公司合作，引进实验测试、水平钻井、测井、固井和压裂等技术。在学习借鉴的基础上，开展页岩气开发核心技术、工艺的研发和联合攻关。

（7）建设管网

推动天然气基础设施尤其是管网建设，继续加快天然气输送主干网、联络管网和地方区域管网等建设，逐步建成覆盖全国的天然气骨干网和能够满足地方需要的管网，建立天然气管网公平准入机制，适时引入强制性第三方准入规定。同时，加快储气调峰设施建设，保障天然气安全稳定供应。

（8）注重环保

加强页岩气勘探开发对环境影响的评估，尤其是水力压裂所用化学物质对地下水的潜在污染和地下爆破对地表的影响等。严格执行我国现有的环境保护方面的法律法规，同时，要求页岩气开发企业公开压裂混合液的化学成分，以便充分评估对地下水质造成的影响。

第一章

奠基与起步：
摸清中国页岩气
资源家底

第一节　全国页岩气资源潜力调查评价及有利区优选

页岩气是一种清洁、高效的气体能源。近年来,美国页岩气勘探开发技术取得全面突破,产量快速增加,已经改变了美国天然气以及能源格局,对国际天然气市场供应和世界能源格局产生了巨大影响。世界主要页岩气资源大国和地区也都已开始加快页岩气的勘探开发进程。

近年来,党中央、国务院领导高度重视页岩气资源工作,多次作出重要批示,提出对页岩气资源的开发要尽快制定规划,首先要搞好资源调查,研究开采技术方法,作全面的技术经济论证。加强对页岩气的生成机理、富集条件、技术攻关和重点靶区研究。国家能源战略已将页岩气的开发利用放在十分重要的位置,国民经济和社会发展"十二五"规划明确要求"推进页岩气等非常规油气资源开发利用"。经过过去这五年的努力,我国页岩气勘探开发已取得很好的开端,本节主要介绍"十二五"初期相关部门所做的页岩气资源潜力调查评价及有利区优选工作。

为了摸清我国页岩气资源潜力,优选出有利目标区,推动我国页岩气勘探开发进程,增强页岩气资源可持续供应能力,国土资源部油气资源战略研究中心率先组织开展了全国页岩气资源潜力调查评价及有利区优选工作。

一、工作基础

从2004年开始,国土资源部油气资源战略研究中心就与中国地质大学(北京)合作,跟踪调研国外页岩气资源研究和勘探开发进展;2005年,对我国页岩气地质条件进行了初步分析;2006年,分析了中、新生代含油气盆地页岩气资源前景;2007年,研究盆地内和出露区古生界富有机质页岩分布规律和资源前景;2008年,对比中美页岩气地质特征,重点分析上扬子地区页岩气资源前景,初步优选远景区。

2009年,启动"中国重点地区页岩气资源潜力及有利区优选"项目,以川渝黔鄂地区为主,兼顾中下扬子和北方,开展页岩气资源调查,优选页岩气远景区;在重庆市彭水县实施了我国第一口页岩气资源战略调查井——渝页1井,获得了页岩气发现,并取得了一系列评价参数。

2010 年,根据我国页岩气地质的特点,分 3 个层次在全国有重点地展开页岩气资源战略调查。在上扬子川渝黔鄂地区,针对下古生界海相页岩,建设页岩气资源战略调查先导试验区;在下扬子苏皖浙地区,开展页岩气资源调查;在华北、东北、西北部分地区,重点针对陆相、海陆过渡相页岩,开展页岩气资源前景研究。通过上述工作,总结了我国富有机质页岩的类型、分布规律及页岩气富集特征,确定了页岩气调查主要领域及评价重点层系,探索了页岩气资源潜力评价方法和有利区优选标准。2011 年,国土资源部在全国油气资源战略选区项目中,设置了"全国页岩气资源潜力调查评价及有利区优选"项目。

全国页岩气资源潜力调查评价及有利区优选工作的总体思路是:深入贯彻落实科学发展观,围绕全面建设小康社会的宏伟目标,充分利用我国几十年积累的基础地质、石油地质、煤田地质等资料,以页岩气富集规律研究为基础,以统一的页岩气资源潜力评价方法为支撑,以系统的页岩气资源潜力评价参数为依据,以全国油气和页岩气研究及勘探开发的优势技术力量为依托,产学研相结合,坚持"统一组织、统一方法、统一标准、统一认识、统一进度"的原则,分区、分层系开展页岩气资源潜力评价及有利区优选,预测页岩气资源勘探开发趋势,为全面提高页岩气资源管理水平、促进页岩气勘探开发提供基础依据。

页岩气评价和优选工作由国土资源部组织,油气资源战略研究中心负责具体实施,全国油气资源战略选区项目专家负责技术指导和把关。采取公开竞争方式,择优选择项目承担单位。国内相关石油企业、大学、地质调查机构和科研院所等 27 个单位共 420 余人参加了本项工作。

本项工作的实施取得了以下成果:(1)全国页岩气资源潜力调查评价及有利区优选报告;(2)全国页岩气资源潜力调查评价及有利区优选数据表;(3)全国页岩气资源潜力调查评价及有利区优选图集;(4)全国页岩气资源潜力分布图;(5)全国页岩气有利区分布图;(6)全国页岩气勘探开发规划区分布图;(7)上扬子及滇黔桂区页岩气资源调查评价与选区报告;(8)中下扬子及东南区页岩气资源调查评价与选区报告;(9)华北及东北区页岩气资源战略调查与选区报告;(10)西北区页岩气资源战略调查与选区报告;(11)川渝黔鄂先导试验区页岩气资源战略调查与选区报告;

（12）页岩气资源潜力评价方法及有利区优选标准报告。

二、 主要内容

（一）评价及优选结果

本次评价采用概率体积法对我国陆域 5 大区、41 个盆地和地区、87 个评价单元、57 个含气页岩层段的页岩气资源潜力，按照地质单元、地层层系、沉积环境、埋深、地表环境和省份进行了评价，优选了有利区。评价和优选结果表明，我国页岩气资源潜力大、分布面积广、发育层系多(图 1-1)。

全国页岩气地质资源潜力为 134.42×10^{12} m³(不含青藏区)。其中，上扬子及滇黔桂区 62.56×10^{12} m³，占全国总量的 46%；华北及东北区 26.79×10^{12} m³，占 20%；中

图1-1 页岩气资源评价工作区划分及页岩气分区

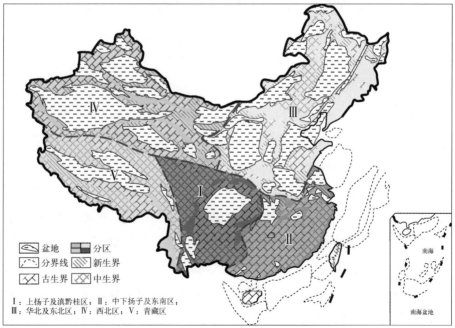

盆地　　分区
分界线　　新生界
古生界　　中生界

Ⅰ：上扬子及滇黔桂区；Ⅱ：中下扬子及东南区；
Ⅲ：华北及东北区；Ⅳ：西北区；Ⅴ：青藏区

下扬子及东南区 $25.16 \times 10^{12} \mathrm{~m}^3$，占 19%；西北区 $19.90 \times 10^{12} \mathrm{~m}^3$，占 15%。

全国页岩气可采资源潜力为 $25.08 \times 10^{12} \mathrm{~m}^3$（不含青藏区）。其中，上扬子及滇黔桂区 $9.94 \times 10^{12} \mathrm{~m}^3$，占全国总量的 39.63%；华北及东北区 $6.70 \times 10^{12} \mathrm{~m}^3$，占 26.70%；中下扬子及东南区 $4.64 \times 10^{12} \mathrm{~m}^3$，占 18.49%；西北区 $3.81 \times 10^{12} \mathrm{~m}^3$，占 15.19%。全国页岩气地质资源和可采资源大区分布见图 1-2。

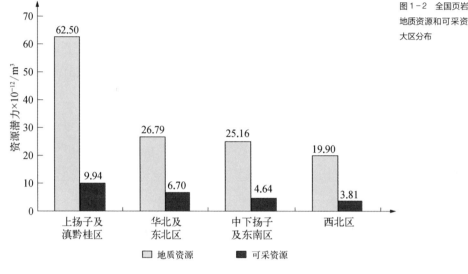

图 1-2 全国页岩气地质资源和可采资源大区分布

页岩气资源主要分布在四川、新疆、重庆、贵州、湖北、湖南、陕西等多个省（区、市），这七个省、区、市占全国页岩气总资源量的 68.87%。其中，四川地质资源量约 $27.50 \times 10^{12} \mathrm{~m}^3$，新疆 $16.01 \times 10^{12} \mathrm{~m}^3$，重庆 $12.75 \times 10^{12} \mathrm{~m}^3$，贵州 $10.48 \times 10^{12} \mathrm{~m}^3$，湖北 $9.48 \times 10^{12} \mathrm{~m}^3$，湖南 $9.19 \times 10^{12} \mathrm{~m}^3$，陕西 $7.17 \times 10^{12} \mathrm{~m}^3$，广西 $5.61 \times 10^{12} \mathrm{~m}^3$；其他依次为江苏、河南、内蒙古、青海、甘肃、黑龙江、云南、山西、安徽、浙江、河北、山东、吉林、辽宁、宁夏、江西、福建、广东。全国各省（市、区）页岩气资源潜力具体见图 1-3。

评价结果中，已获工业气流或有页岩气发现的评价单元，面积约 $88 \times 10^4 \mathrm{~km}^2$，地质资源量为 $93.01 \times 10^{12} \mathrm{~m}^3$，可采资源量为 $15.95 \times 10^{12} \mathrm{~m}^3$，是目前页岩气资源落实程度高、较为现实的勘探开发地区。

本次评价优选出页岩气有利区 180 个。其中，上扬子及滇黔桂区 60 个，占全国总

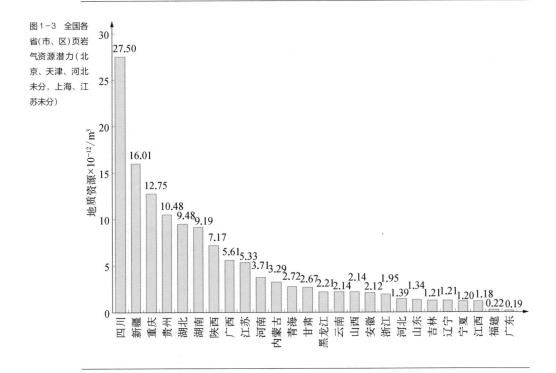

图 1-3 全国各省(市、区)页岩气资源潜力(北京、天津、河北未分,上海、江苏未分)

数的 33%;华北及东北区 57 个,占 32%;西北区 38 个,占 21%;中下扬子及东南区 25 个,占 14%。

(二) 趋势预测

在评价和优选的基础上,对 2020 年我国页岩气储量和产量增长趋势进行了预测。

预计到 2020 年,国内天然气消费将达 $3\,800 \times 10^8\ m^3$,国内常规天然气产量为 $2\,000 \times 10^8\ m^3$,供需缺口高达 $1\,800 \times 10^8\ m^3$。届时,如果页岩气的产量达到 $1\,000 \times 10^8\ m^3$,页岩气将占天然气消费比重的 26% 左右,成为我国天然气能源的重要支柱。

(三) 基本认识

(1) 页岩气资源评价结果具有较高的可信度。这主要取决于页岩气自身的特点以及多年油气勘探、煤层气和固体矿产勘查的大量探井资料积累。页岩气的聚集层位是确定的,并且在多年的油气等矿产勘查实践中开展过不同程度的研究,尤其是作为优质烃源岩,开展过大量的有机地球化学研究,基本地球化学指标丰富,同时,录井和测井资料还提供了大量含气性资料信息,这为含气层段划分和含气页岩层段分布范围的确定提供了翔实数据,含气页岩体积参数可靠性较高。国际上,含气页岩的含气量分布范围一般在 $1 \sim 5 \ m^3/t$,个别含气页岩的含气量较高,达到 $9 \ m^3/t$ 以上。我国页岩气探井岩心解吸含气量变化范围也基本在 $1 \sim 5 \ m^3/t$,并随着埋深的增加而增加,规律性较强。在本次页岩气资源潜力评价中,含气量取值范围集中在 $1 \sim 3 \ m^3/t$,埋深较浅的地区取值在 $0.5 \sim 1 \ m^3/t$,取值保守。

(2)页岩气资源丰富、分布广泛,适合规模勘探开发。我国页岩气可采资源潜力约为 $25.08 \times 10^{12} \ m^3$(不含青藏区),与美国相当,与我国常规天然气可采资源量 $32 \times 10^{12} \ m^3$ 接近,是油气勘探开发的新领域。页岩气资源在我国 26 个省(区、市)广泛分布,主要集中在四川等 7 个省(区、市),将成为我国页岩气的主产区,适宜进行规模化勘探开发。

(3)页岩气地质条件复杂、类型多样,不能照搬国外经验。我国页岩气地质条件复杂,海相、海陆过渡相、陆相页岩均有发育,具有层系分布广、成因类型多、后期改造复杂等特点,页岩气成藏机理和富集规律具有诸多特殊性。复杂的地质条件决定了我国页岩气勘探开发不能简单地照搬国外经验,必须从我国页岩气地质特征出发,系统研究和探索适合我国地质条件的页岩气勘探开发模式。

(4)关键技术差距大,需要加快攻关和创新。我国页岩气勘探开发核心技术与美国相比差距较大,特别是水平井钻完井和压裂改造技术有待加快攻关,在引进吸收国外先进技术的基础上,开展联合攻关,尽快形成适合我国地质条件的页岩气勘探开发核心技术。

(5)油气矿业权区块外页岩气资源较丰富,但开发难度大。油气矿业权区块外的页岩气可采资源约为 $5 \times 10^{12} \ m^3$,有利区总面积约为 $23 \times 10^4 \ km^2$。这些地区工作程度低,地表条件复杂,经济发展相对落后,缺乏天然气管网,风险大、成本高。需要引入竞争机制,鼓励多种投资主体进入,从而推动页岩气产业的快速发展。

(6)勘探开发刚刚起步,进入快速发展阶段还需要时间和条件。我国页岩气勘探开发"十二五"期间主要是起好步,若资源"家底"落实,政策措施得当,市场进程加快,资金投入加大,"十三五"期间将形成快速发展之势,基本确立页岩气在我国一次能源中的重要地位。

三、 成果应用

这项工作成果在形成和总结过程中,已被国家有关部门、石油企业、科研院所、高等院校等广泛应用。

（1）为申报页岩气独立矿种提供依据。国土资源部根据这项成果,在充分论证的基础上,通过与天然气、煤层气对比研究,组织专家进行页岩气独立矿种论证,申报页岩气作为独立矿种,得到了国务院的正式批准,成为我国第172个矿种。

（2）为页岩气探矿权出让招标提供支撑。国土资源部根据这项成果,已成功举行了首次页岩气探矿权出让招标,并为第二次页岩气探矿权出让招标提供了基础资料和技术支撑。

（3）为"找矿突破战略行动实施方案"编制提供基础依据。依据本项成果,国土资源部将页岩气作为重要能源,并把"找矿突破战略行动"列为重中之重,编制了独立的页岩气"找矿突破战略行动"实施方案,并进行重点部署。

（4）为国家有关部门制定规划和政策以及宏观管理提供支撑。依据这项成果,国土资源部等四部委组织编制了《页岩气发展规划(2011—2015年)》,研究制定了鼓励页岩气发展的相关政策,明确了页岩气资源管理的思路、目标和重点内容。

（5）为社会了解页岩气资源情况提供了参考。这项成果对石油企业勘探开发页岩气和地方政府掌握页岩气资源情况具有重要的参考价值,为相关科研院所、高等院校和社会公众了解页岩气资源提供了基础资料和信息。

四、 主要创新点

（1）首次评价我国页岩气资源潜力。包括地质资源潜力和可采资源潜力两个资源序列。页岩气地质资源潜力兼顾了与常规天然气资源评价认识的衔接,可采资源潜力初步实现了与国际的对比。

(2)首次优选了我国页岩气有利区。依据页岩分布、评价参数、页岩气显示以及含气性参数进行优选,是目前页岩气资源落实程度较高、较为现实的勘查开发地区,也是页岩气储量增长的主要地区和页岩气勘探开发规划部署的重点地区。

(3)首次系统研究了富有机质页岩和页岩气特征。对我国海相、海陆过渡相、陆相富有机质页岩的特征及其含气性进行了系统的研究,总结了不同类型页岩气的富集规律。

(4)首次预测了我国页岩气储量和产量增长趋势。根据国内外页岩气发展态势和我国实际情况,对未来5~10年我国页岩气储量和产量增长目标进行了预测。

(5)首次建立了页岩气资源评价方法和有利区优选标准。在跟踪调研美国相关资料的基础上,结合页岩气富集机理、我国页岩气地质条件和工作程度,建立了页岩气评价方法、参数体系和优选标准。

五、 结束语

我国首次开展的全国页岩气资源潜力调查评价及有利区优选,是一项调查评价页岩气资源"家底"的工作。页岩气资源潜力调查评价及有利区优选的过程,是一个地质实践认识不断探索、不断提高的过程,随着认识的深入和技术的进步,以及工作的不断深化,资源潜力数据和有利区优选结果还可能有新的变化。目前取得的资源潜力数据和有利区优选结果只是对现阶段认识程度的反映。

全国页岩气资源潜力调查评价及有利区优选工作成果,是政府部门、石油企业、科研单位、高校和技术专家集体智慧的结晶。国土资源部对此高度重视,油气中心精心组织,技术专家严格把关,奉献智慧。各项目承担单位积极参与,组织精干力量,充分利用已有研究成果,发挥自身优势,团结协作,保障了这项工作的顺利进行。

这项成果对于推动我国页岩气勘探开发、增强页岩气资源可持续供应能力、满足我国不断增长的能源需求、促进能源结构优化、实现经济社会又好又快发展等具有重要意义。同时也为更好地规划、管理、保护和合理利用页岩气资源,为国家编制经济社会发展规划和能源中长期发展规划提供了重要的科学依据。

总之,这项成果是我国现阶段页岩气资源潜力的客观反映,对提升我国页岩气资源调查评价水平、促进页岩气勘探开发、提高油气资源保障能力、保持经济社会又好又快发展等具有现实意义。

第二节 全国页岩气资源战略调查和先导试验区建设

一、必要性和现实意义

近年来,随着社会对清洁能源需求的不断扩大、页岩气地质认识和技术水平的不断提高,页岩气在非常规天然气中异军突起,已成为全球油气资源勘探开发的新亮点,正在我国油气资源领域孕育着新的重大突破。

我国具有富含有机质页岩的地质条件,页岩地层在不同地质历史时期十分发育,在南方、北方、西北和青藏等广大地区均有分布。川渝黔鄂等上扬子地区、苏皖浙等下扬子地区和北方页岩发育重点地区是我国页岩气资源主要远景区之一。目前,我国在这一领域还处于"空白"状态,各项工作还处于探索起步阶段。我国页岩气赋存规律和资源潜力不清,需要获取含气页岩基本参数并探索页岩气资源调查技术方法,页岩气远景区和有利目标区尚未优选和圈定。特别是对页岩气资源基础地质认识、相关参数和标准的界定、资料利用和综合、调查方法应用以及勘查工作程序等均需进行统一规范。加强页岩气资源战略调查,对于改变我国油气资源勘探开发格局,甚至改变整个能源结构,减少长距离管道输送,缓解我国天然气资源紧缺,特别是南方地区"气荒"问题,以及促进经济社会发展都有十分重要的意义。

在国家层面上,开展页岩气资源战略调查和先导试验,尚属首次,这是一项具有开创性的工作,抓住这次难得的历史机遇,率先取得突破,必将对我国南方和中西部地区大面积页岩赋存区,乃至全国的页岩气资源战略调查起到积极的先导示范作用。

二、 工作思路、原则和目标

（一）工作思路

深入贯彻落实科学发展观,遵循规律、大胆探索,统筹部署、率先突破,总结经验、发挥先导。以全国油气资源战略选区项目为依托,充分利用已有成果资料,集中全国优势力量,采取产学研相结合的工作方式,查明页岩气地质条件和富集规律,评价页岩气资源潜力,优选页岩气资源有利区和勘查目标区,形成系统完整的评价指标和技术规范体系,力求取得重大突破和重要成果,推动全国页岩气的勘探开发。

（二）工作原则

尊重规律、统筹部署、分步实施;统一管理、统一实施、统一标准;合作交流、引进吸收、完善技术;综合集成、资料共享、成果有偿;创新机制、示范带动、指导全国。

（三）工作目标

2011—2013 年取得重要进展,评价页岩气资源潜力,提交一批页岩气资源有利区和勘查目标区,实现重要突破,解决页岩气重大地质问题和关键技术方法,形成页岩气资源技术标准和规范。今后工作的具体目标为:

（1）查明页岩气地质条件和富集规律,开展页岩气资源潜力评价工作,系统形成页岩气基础地质资料数据和图件,优选出一批页岩气远景区。

（2）提交若干个页岩气勘查目标区,为促进页岩气勘探开发提供资源基础。

（3）形成适合我国地质条件的页岩气地质理论和资源评价方法参数体系。

（4）建立适合我国不同类型页岩气资源战略调查和勘探开发等技术方法体系。

（5）形成我国页岩气资源战略调查和勘探开发技术标准、规范。

（6）培养页岩气资源战略调查领军人才，形成页岩气资源战略调查骨干队伍。

三、 工作部署

全国页岩气资源战略调查分层次、梯次依次展开。在2009年"中国重点地区页岩气资源潜力及有利区带优选"项目工作的基础上，2010年，根据我国页岩气资源分布和类型以及工作进展情况，分三个梯次展开。

第一梯次是先期设置以海相地层为主的上扬子川渝黔鄂先导试验区，包括四川、重庆、贵州和湖北省（市）的部分地区，进行先导性试验；

第二梯次是在以海相地层为主的下扬子苏皖浙区，包括江苏、安徽、浙江省的部分地区，开展页岩气资源调查；

第三梯次是以陆相和海陆交互相地层为主的北方重点区，包括华北、东北、西北的部分省区市的部分地区，开展页岩气资源前期调查研究。

四、 工作目标

在川渝黔鄂页岩气资源战略调查先导试验区，通过野外资料和调查井，获取页岩气第一手数据和参数资料；研究页岩储层的岩性、矿物成分、孔渗发育特点等储层特征；初步评价先导区页岩气资源潜力；总结页岩气富集规律，优选页岩气的区域性富集有利区。

开展下扬子地区富有机质页岩发育有利区的排查工作，通过地质浅井获取富有机质页岩系统数据，掌握富有机质泥页岩的基本特征，优选出页岩气富集远景区。

调查北方地区自上古生界以来形成的富有机质页岩的时代、分布、厚度、埋深、有机质含量和热演化程度，初步优选出页岩气富集远景目标区。

研究和建立符合我国地质特点和经济条件的页岩气战略调查关键技术方法体系，制定页岩气资源战略选区和先导试验区建设相关技术要求，调研滇黔桂及其他地区页岩气前景。

五、 项目参加单位和主要工作量

本项目由国土资源部油气资源战略研究中心组织实施,分为七个子项目和一个综合研究项目。七个子项目具体如下。

(1)川东南地区页岩气资源战略调查与选区,承担单位:中国石化石油勘探开发研究院、中国石化华东分公司;

(2)川南地区页岩气资源战略调查与选区,承担单位:中国石油勘探开发研究院;

(3)黔北地区页岩气资源战略调查与选区,承担单位:国土资源部油气资源战略研究中心;

(4)渝东南地区页岩气资源战略调查与选区,承担单位:中国地质大学(北京);

(5)渝东北地区页岩气资源战略调查与选区,承担单位:重庆地质矿产研究院;

(6)下扬子地区页岩气资源战略调查与选区,承担单位:国土资源部油气资源战略研究中心;

(7)北方地区页岩气资源战略调查与选区,承担单位:国土资源部油气资源战略研究中心。

已完成的主要工作量如下。

(1)资料调研及文献整理。查阅国内外公开发表文献 1 655 余篇;收集与页岩气研究相关的研究报告 100 余份,20 口浅井柱状图,分析化验原始数据 4 286 项次;美国页岩气考察 12 人次。

(2)野外地质调查、地球物理和微生物勘查。野外工作量比较大,调查观测露头点 368 个,实测目地层剖面 105 条,共 47 677.2 m,其中有 3 条详测示范性剖面,累积取样 3 061 个,岩心观察 540 m,微生物勘查 60 km^2,310 组,地震勘查 500 km,大地电磁测深 54 km,音频大地电磁测深 54 km。

(3)老资料复查。主要开展了石油、煤田和固体矿产勘查井的复查工作,进行了少量的地震资料重处理工作。共进行老井复查 244 口,地震资料重处理 100 km。

(4)分析测试。共完成分析测试和模拟试验 4 497 项次,获取了系统的有机碳含量、成熟度、岩石热解、页岩矿物组成、页岩孔渗以及吸附气含量等参数数据,为研究页岩气聚集机理和条件提供了第一手资料。

（5）编制图表。对研究区内的地层层序、构造特点、沉积环境、储层物性、有机地化及页岩气特点进行了初步整理研究,根据实测数据并结合之前的研究成果,制作了各个地区的实测剖面柱状图、剖面图、剖面对比图、页岩沉积相图、构造纲要图、页岩埋深及厚度图、目的层页岩总有机碳（Total Organic Carbon，TOC）、镜质体反射率（Reverse Osmosis，R_o）等值线图等各种区域性图件 80 张。

（6）调查井井位论证。针对目的层的黑色页岩地层,完成了 27 口调查井、5 口地质浅井的井位论证。部署实施调查井 2 口,地质浅井 3 口。石油公司配套实施调查井 4 口。

（7）规范编制、优选招标区块。总共编写了 7 个页岩气调查技术要求,包括野外地质调查和剖面测量、图件编制、战略调查井施工、地球化学勘查、微生物勘查、分析测试和浅层地震等要求。优选页岩气招标区块 9 个,编制页岩气招标文件一套,地质资料包 9 个。

六、 取得的主要成果及认识

(一) 川渝黔鄂页岩气资源战略调查先导试验区建设取得重要进展

根据全国国土资源工作会议确定的"建立页岩气资源战略调查先导试验区,率先取得突破"要求,2010 年,我国启动了"川渝黔鄂页岩气战略调查先导试验区建设"工作。先导试验区包括四川、重庆、贵州和湖北省（市）的部分地区。在先导试验区内,采用面上展开、点上突破的方式,2010 年启动了 5 个重点目标区的先导性实验工作,即川南区、川东南区、黔北区、渝东南区、渝东北区。取得的主要成果及认识包括以下几个方面。

（1）摸清了区域内发育的 6 套富有机质页岩层系。包括下震旦统陡山沱组、下寒武统牛蹄塘组、上奥陶-下志留统龙马溪组、上二叠统龙潭组、上三叠统须家河组、下侏罗统自流井组等。其中,牛蹄塘组、龙马溪组分布范围广,规模大,为主力层系。

（2）首次建立了三条中国首批页岩地层示范剖面。这三条示范剖面包括四川长宁地区上奥陶-下志留统龙马溪组页岩地层剖面、重庆綦江观音桥上奥陶-下志留统页岩地层剖面、华蓥山三百梯上奥陶-下志留统页岩地层剖面。这为开展页岩地层研究和页岩气资源调查提供了示范剖面。

（3）系统研究先导试验区页岩气的地质特征。首次编制了川渝黔鄂先导试验区主要目的层（牛蹄塘组和龙马溪组）富有机质页岩厚度分布图、埋深预测图，掌握了主要目的层富有机质页岩的分布特征；分析了富有机质页岩的岩石矿物组分，表明牛蹄塘和龙马溪组两套海相页岩具有较好的储集条件；编制了富有机质页岩的有机碳含量和成熟度平面变化规律图，初步掌握了富有机质页岩的有机地化特征；预测了含气量较高，平均为每吨岩石 $1 \sim 3$ m^3，最高达到 6 m^3，两套页岩均具有较强的吸附能力。在川西南、川南、川东、鄂西、黔西、黔中等地区的钻井中见到了页岩气工业气流或气显示，展现出较好的页岩气前景。

（4）建立了页岩气有利区优选标准，优选出 20 个页岩气富集有利区。研究并提出的页岩气有利区优选标准，为今后进行页岩气有利区优选提供了基本依据和标准。在优选出有利区中，牛蹄塘组有利区有酉阳-秀山-花垣、大关、毕节、江口-铜仁-松桃、庙坝-厚坪等 11 个，龙马溪组有利区有江安-合江、綦江南、道真、彭水-连湖、尖山-文峰等 9 个。

（5）初步建立了以体积法为主、以有利区为单元的页岩气资源评价方法。考虑了有利区的面积、页岩的有效厚度、埋深、密度、有机碳含量、成熟度和含气量等参数，估算了 20 个页岩气有利区的资源量，总资源量为 $(8.50 \sim 14.72) \times 10^{12}$ m^3，牛蹄塘组总资源量 $(4.83 \sim 8.47) \times 10^{12}$ m^3，龙马溪组总资源量 $(3.67 \sim 6.25) \times 10^{12}$ m^3。

（6）初步建立了一套页岩气资源调查评价技术方法。初步形成了地质、地球物理、地球化学综合研究技术方法和数字化技术；在碳酸盐岩裸露区，形成了音频大地电磁测深-大地电磁测深与微生物勘查的页岩调查技术组合；在页岩有机地化研究上，创新性地应用了扫描电镜背散射-能谱分析技术；在储层微观特征研究上，创新性地应用了场发射电镜扫描技术、氩离子抛光技术和核磁共振技术。

（7）探索出了页岩气资源调查研究的思路与工作方法。广泛调查页岩分布特征和发育层位，确定重点层系；研究页岩的矿物成分、岩石类型、岩石剖面组合，掌握页岩的岩性特征和变化规律；分析有机碳含量和热演化程度、孔渗特征，探索页岩气形成条件和富集规律；开展钻探取芯、系统测试、试验模拟，确定页岩含气性；落实资源潜力、预测有利区、优选重点目标。

（二）下扬子地区页岩气资源调查与选区主要成果与认识

总结2004—2009年的多年工作经验，我们发现，下扬子区富有机质页岩广泛发育，具有页岩气勘查前景；本区的海相油气勘查已经进行了几十年，却一直没有取得突破，采用新思路、从页岩气角度开展工作，有助于本区海相油气勘查突破；下扬子区为我国经济发达、能源短缺地区，开展页岩气资源战略调查具有重要的现实意义。

通过野外地质调查，初步掌握了富有机质泥页岩的层位、分布、厚度、埋深、有机质含量以及热演化程度等基本资料，编制出相应的中大比例尺图件。主要认识如下。

（1）下扬子地区富有机质暗色页岩主要发育于下寒武统荷塘组（幕府山组）和上二叠统龙潭组。

（2）纵向上，富有机质页岩主要分布在寒武统荷塘组（幕府山组）中下部，石煤较发育，厚度不等，平面上以泾县-安吉-宁国-休宁一带最发育；上二叠统龙潭组暗色泥页岩纵向上主要分布在C煤层之上，下部也发育大套页岩，平面上主要分布于安徽泾县-广德-长兴及苏南地区。

（3）下寒武统荷塘组页岩厚度大，有机质类型较好，有机质较丰富。下寒武统荷塘组以江南隆起以北为较有利区，此区内下寒武统页岩厚度较大，为50～300 m；二叠系龙潭组以泾县以东、长兴以西、长江以南、江南隆起以北为主要有利远景区，暗色页岩厚度为100～150 m。

（三）北方地区页岩气资源调查与选区主要成果与认识

北方地区为我国海陆交互相、陆相富有机质页岩发育区，以往资料数据显示具有页岩气前景。2010年主要以资料调研为主，掌握我国北方古生界、中生界和新生界不同类型的富有机质泥页岩分布、厚度、埋深、有机质含量和热演化程度资料，编制出相应图件，并初步优选出几个页岩气富集远景区。主要认识如下。

（1）初步调查显示，古生界发育海相、海陆过渡相和陆相三类富有机质页岩。海相页岩主要发育在准噶尔盆地石炭系、鄂尔多斯盆地奥陶系-石炭系等盆地；海陆过渡相页岩集中分布在石炭-二叠系；陆相页岩主要发育在准噶尔盆地中上二叠统。石炭-

二叠系页岩为泥页岩和煤系炭质页岩组合,钻井揭示页岩气勘探前景良好。初步评价沁水盆地、鄂尔多斯盆地石炭-二叠系为页岩气、煤层气和致密砂岩气综合勘探的有利区。

(2)中生界三叠-侏罗系发育湖沼相煤系泥页岩,主要发育在准噶尔、塔里木、吐哈等盆地,厚度大、有机质丰度高、以生气母质为主,具有页岩气资源前景。

(3)中生界半-深湖相富有机质泥页岩主要发育在鄂尔多斯盆地三叠系、松辽盆地白垩系等,热演化程度普遍不高,处于生油窗内,具有页岩油气资源前景。

七、 成果应用及发挥的主要作用

(1)为国家制定能源战略、规划提供了依据。取得的主要成果被国务院有关部门、石油企业和研究机构等,在开展能源资源发展战略和规划研究、优化配置油气资源和编制油气勘探开发规划研究等所广泛采用,推动了页岩气勘探开发政策的制定。优选出9个页岩气招标区块,编制的地质资料包和页岩气探矿权区块招标系列文件,为油气矿业权管理改革提供了坚实的基础支撑。

(2)对今后页岩气战略调查和勘探起到了指导作用。先导试验区内取得的一系列页岩气地质认识和技术成果,为今后开展全国性的页岩气资源战略调查积累了基础资料和经验。已初步优选出的33个页岩气远景目标区,为石油企业进军页岩气领域提供了靶区。同时,也为油气研究机构和高校开展页岩气的研究和教学提供了丰富的信息和资料。

(3)为在全国开展页岩气资源潜力调查评价与有利区优选积累奠定了基础。依据本项目研究成果和取得的经验,国土资源部决定于2011年开始启动"全国页岩气资源潜力调查评价与有利区优选"工作,拟通过3年时间对我国陆域页岩气资源潜力进行系统评价,优选页岩气富集有利区,进而推动全国页岩气的勘探开发。

(4)促进我国页岩油气的勘探开发。自2009年国土资源部油气资源战略研究中心在重庆彭水部署钻探了页岩气资源战略调查渝页1井以来,中石油已在川南、渝东鄂西、泌阳、济阳和东濮、鄂尔多斯、沁水、松辽、辽河东部等开展了大量页岩气老井试气和钻探评价工作,加快了四川、泌阳、鄂尔多斯等盆地页岩气的勘探突破。

中石化陆相页岩(油)气勘探取得重要进展,泌阳凹陷安深 1 井(直井)在古近系核桃园组实施特大型压裂作业后,2011 年 2 月 17 日,日产原油量达到 3.76 m³,目前原油产量已趋稳定,从而成为我国第一口获得工业油气流的页岩油(气)井。2010 年 12 月 1 日,对鄂西渝东地区的建 111 井下侏罗统自流井组东岳庙段进行射孔压裂,返排接近 30% 时日产气量达到 2 000~3 000 m³。四川元坝区块元坝 9 井下侏罗统自流井组东岳庙段页岩压裂测试,2010 年 9 月 19 日返排量达到 10% 时井口见气,持续返排,获得日产 1.15×10⁴ m³ 工业气流;在贵州黄平区块钻探的黄页 1 井在下寒武统九门冲组钻遇约 150 m 厚暗色泥页岩,见到了较好的气测显示。

中石油针对四川盆地及其周缘的下寒武统、上奥陶统-下志留统海相泥页岩持续开展了地质研究和勘探工作,取得了较好的页岩气勘探效果,其中位于威远地区的威 201 井,在下志留统龙马溪组钻遇大套高伽马高电阻的泥页岩,罐顶气录井见到较好的页岩气显示,压裂测试峰值产量每天 21 000 m³,稳定产量每天 5 000~6 000 m³。

八、 开展全国页岩气资源潜力调查评价与有利区优选部署

2011 年开始,国土资源部正式启动"全国页岩气资源潜力调查及有利区优选"项目,时限为 2011—2013 年。采用点面结合的方式,继续实施 5 个先导试验区的 5 个重点项目,即川南区、川东南区、黔北区、渝东南区、渝东北区。同时,将全国划分为上扬子及滇黔桂区、中下扬子及东南地区、华北及东北区、西北区、青藏区 5 个大区,在全国范围内,对我国页岩气资源潜力进行总体评价,查明我国页岩气资源分布,优选页岩气富集有利区。

(一) 总体目标和分阶段目标

1. 总体目标

研究总结中国页岩气藏形成地质条件与富集规律,调查评价中国页岩气资源潜力,基本查明我国页岩气资源潜力和分布,优选页岩气富集有利区,为页岩气矿业权管

理提供支撑,为中国非常规油气资源开发利用提供资源保障;推动形成中国页岩气成藏地质理论与有效勘探开发技术。初步摸清我国页岩气资源"家底",为制定能源规划,特别是页岩气中长期发展规划和宏观决策以及资源管理提供依据,推动我国页岩气勘探开发进展。

2. 分阶段目标

(1) 2011 年:完成川渝黔鄂先导试验区页岩气资源潜力调查评价,开展下扬子皖浙、松辽盆地齐家古龙坳陷先导试验区页岩气资源潜力初步评价,优选页岩气有利目标区,为页岩气探矿权招标提供基础依据。

开展上扬子及滇黔桂、中下扬子及东南、华北及东北、西北、青藏等 5 个大区页岩地层发育层位和页岩气前景研究;研究页岩气评价参数,初步评价页岩气资源潜力,并总结各大区、各主要富有机质页岩的页岩气富集规律。

开展页岩气勘查开采技术方法研究,全面了解页岩气勘查和开采技术及技术组合、技术的适用条件,重点开展页岩地层的非震识别技术研究,为在大区域识别富有机质页岩地层提供技术手段。

开展页岩气资源评价方法、页岩气有利区带优选方法研究,为页岩气资源潜力评价作技术准备。完善页岩气战略选区和先导试验区建设相关技术要求。

(2) 2012 年:完成先导试验区工作,系统开展全国页岩气资源潜力评价。在重点解剖区建立页岩气资源潜力评价刻度区,以 5 个大区区域性页岩气地质条件和富集规律研究为基础,获取页岩气资源潜力评价的相关参数,评价各区页岩气资源潜力。

继续开展页岩气勘查开采技术方法研究工作,全面深入了解页岩气勘查和开采技术及技术组合、技术的适用条件;继续开展页岩地层的非震识别技术研究,并检验其在大区域识别富有机质页岩地层的可行性。完善页岩气资源战略选区和先导试验区建设相关技术要求,争取提高到相关规范水平。继续总结中国页岩气藏形成机制、富集规律,优选有利区。

(3) 2013 年:完成全国页岩气资源潜力评价和有利区优选;完成相关方法技术研究;完成页岩气资源战略选区和先导试验区建设相关技术要求,争取提高到相关规范水平。

(二) 2011 年工作内容

1. 先导试验区建设

2011 年,继续开展"川渝黔鄂页岩气资源战略调查先导试验区"工作;在下扬子地区启动皖浙和松辽盆地齐家古龙坳陷再建设两个先导试验区。

川渝黔鄂先导试验区 2011 年工作内容主要以获得系统的页岩气地质参数为目标展开。首先通过野外地质调查、地震勘查等手段,研究富有机质页岩的地质特征,通过参数井获取系统的岩心、录井、测井数据和系统的分析测试数据;通过区域和参数井数据,系统研究先导试验区页岩气的地质特征,建立页岩气资源潜力调查评价刻度区,系统评价先导试验区页岩气资源潜力;研究页岩储层的特征和开发前景。

皖浙和齐家古龙先导试验区 2011 年工作内容主要为获得系统的页岩气地质参数。首先,通过野外地质调查、地震老井复查等勘查手段,研究富有机质页岩的地质特征,获取系统的页岩气地质和资源参数,系统研究先导试验区页岩气的地质特征,初步评价先导试验区页岩气资源潜力;研究页岩储层特征和开发前景;优选页岩气有利目标区。

2. 全国富有机质页岩调查

将全国划分为上扬子及滇黔桂区、中下扬子及东南地区、华北及东北区、西北区、青藏区 5 个区,通过野外地质调查、浅井取样和非地震勘查等手段,分区进行富有机质页岩特征和分布调查,获取富有机质页岩的分布、厚度等资料,研究各地区页岩地层沉积环境、沉积相、地层特征、岩石类型、厚度和埋深等,分析孔隙度和渗透率特征,研究页岩的有机质丰度、R_o、热解和其他地球化学指标,分析研究页岩吸附(游离)气含量、含气饱和度等页岩气参数,总结各地区、各主要富有机质页岩的页岩气富集规律。

3. 页岩气资源调查方法技术研究

开展大地电磁测深等电法勘探技术试验,探测选定页岩分布区富有机质页岩的导电性结构,获得 3 500 m 深度范围内页岩的电性结构图像。开展富有机质页岩层系的地震识别研究,总结富有机质页岩的地震相应特征,建立富有机质页岩的地震解释模型。开展微地震监测技术调查研究。通过页岩气资源调查方法技术研究,全面了解页岩气勘查和开采技术及技术组合、技术的适用条件,为在大区域识别富有机质页岩地层、进行页岩气富集有利区优选提供技术手段。

4. 开展综合研究，制定页岩气战略调查相关规范要求，发展页岩气资源调查关键技术方法

2011 年完成项目年度综合研究，掌握先导试验区内富有机质页岩的区域性分布特征，评价先导试验区页岩气资源潜力；完善先导试验区建设和页岩气战略选区技术要求；完善页岩气有利区优选技术标准框架；研究 2012 年全国页岩气资源潜力调查评价和有利区优选工作重点和方向。

5. 页岩气招标区块动态管理研究

对页岩气招标区块的勘查进展进行跟踪，及时掌握合同执行情况，反馈中标方勘查动态。探索招标区块勘查资料的共享与使用方式，为国土资源部油气矿业权改革提供基础支撑。

第三节　　加强我国页岩气资源潜力调查评价

资源是页岩气产业发展的基础。摸清我国页岩气资源潜力、优选出有利目标区，有利于推动我国页岩气勘探开发，增强页岩气资源可持续供应能力，满足我国不断增长的能源需求，促进能源结构优化，实现经济社会又好又快发展，同时也是为了更好地规划、管理、保护与合理利用页岩气资源，为国家编制经济社会发展规划和能源中长期发展规划提供科学依据。

一、　国际上页岩气资源调查评价的一般做法

国际上，页岩气资源调查评价主要有几种方式。美国、加拿大等发达国家主要通过建立页岩气勘探开发岩心库和资料库，加强各地区勘探开发的资料管理，并以这些资料为基础，由政府资源调查评价机构进行资源调查评价。美国页岩气资源调查评价除在 20 世纪 70 年代的起步阶段实施了几十口调查井外，之后基本不再实施直接的调

查工程。加拿大也主要依据各省的岩心库和资料库进行页岩气的调查评价。技术力量较为薄弱的资源大国则主要通过国际公开招标方式,由中标公司义务开展相应的资源调查工作,并强制各中标公司提供各项调查和勘探开发资料,以此为基础进行资源评价工作。

我国目前实施的页岩气资源调查评价工作与美国有一定的相似性,即政府部门主要通过利用大量的已有油气等勘探资料,辅以少量调查井进行。不同的是,应汇交的油气地质资料由政府以委托的方式交由相关石油公司所属油田管理,而岩心及油气勘探开发数据目前都掌握在石油企业手里,社会各界很难利用。目前,我国主要通过将各企业研究力量引入国家页岩气资源调查评价工作中的方式,实现对已有资料的充分利用。

二、 进一步加强我国页岩气资源调查评价

(1) 加强页岩气(油)基础地质研究

在研究页岩气的同时,加强对页岩油的研究。首先,结合我国页岩气形成地质条件和页岩含气(油)性的特点进行研究,探讨不同地质条件下页岩气(油)成藏的主要影响因素,分类描述页岩气(油)富集特点,揭示不同尺度下页岩气(油)分布规律,建立页岩气(油)富集模式和预测模型,促进中国特色页岩气(油)勘查开发理论的发展。其次,根据页岩气(油)的聚集机理,选择、研究并发展页岩气(油)资源评价方法。结合中国页岩气(油)地质条件及勘查开发阶段,发展适用性方法,确定参数取值方法和厘定原则,编制评价软件;根据页岩气(油)勘查开发进展,滚动开展页岩气(油)资源的评价实践。

(2) 研究制定页岩气(油)勘查开发技术规范

重点研究和制定页岩气(油)地质评价、储量评价、地震勘探、非地震勘探、钻(完)井、测井、储层改造、分析测试、环境影响评价等10项技术规范。研究建立页岩气(油)资源评价方法和有利区、靶区优选方法。成熟一个出台一个,以行业标准的形式印发执行,逐步完善后上升为国家标准,为页岩气(油)勘查开发提供技术支撑。

（3）集中开展页岩气资源富集区的重点调查

在已实施的全国页岩气资源调查评价和有利区优选项目成果的基础上，选择有代表性的页岩气资源富集地区，深入开展生成机理、富集条件和分布特征研究，通过实施地质、地球物理、地球化学勘探和少量钻井工程，优选页岩气有利目标区和勘查开发靶区，落实资源基础，为划定和设立国家级页岩气示范区提供依据，为实现页岩气重大突破、建立我国页岩气主力产区奠定资源基础。

（4）开展以省为单元的页岩气资源调查评价

充分利用全国页岩气资源调查评价和有利区优选项目成果，鼓励和支持页岩气资源富集和地质条件好的省级政府和有关部门，发挥自身优势，统筹部署本省区的页岩气资源调查评价工作；重点掌握含气页岩发育层位、基本地质特征和分布规律，划分页岩气含气层段，获得页岩气资源系统参数，掌握页岩气资源潜力及其分布特点；优选出勘查开发页岩气有利区，争取实现页岩气流的工业突破，为本省区页岩气勘探开发布局提供基础依据，为页岩气资源管理提供基础支撑。贵州、重庆、湖南、江西、河南、山西等页岩气资源潜力较大的省区开始部署省内页岩气资源调查评价工作，进一步细化了本省区的页岩气资源潜力和有利区。其中，贵州省投资 1.5 亿元，实施了 26 口页岩气资源调查井和 1 口页岩气试验井，对全省页岩气资源进行了全面评价，取得了一系列新的评价成果。贵州省铜仁市等部分市、区也部署了页岩气资源调查评价工作，呈现出多层次、多渠道的资源调查评价态势。

（5）建立页岩气勘查开发资料数据库

经过 60 年的工作，我国积累了丰富的油气地质资料，但主要集中在国有石油公司手中，相互保密，难以提供给社会使用。页岩气地质调查与评价工作刚刚开始，取得的资料十分宝贵。页岩气勘查开发形成的各类地质资料，包括在地质调查工作中形成的原始地质资料、成果资料和相关实物资料，按规定需提交给国土资源部，作为页岩气矿业权管理备案资料。通过建立页岩气数据资料采集、加工、处理、储存机制，推进页岩气数据资料的数字化，建立健全页岩气数据资料管理和服务工作新机制，搭建一体化的页岩气资源数据资料管理与共享服务平台，建立国家级页岩气数据库。建设国家页岩气资源公共信息网，搭建集动态信息、公共信息、矿权管理、原始数据管理于一体的页岩气信息管理、发布与共享服务平台。

第四节　贵州省率先完成省级页岩气资源调查评价

　　贵州省是我国西部多民族聚居、经济欠发达的省份,页岩气资源潜力巨大。当前,贵州省正在实施西部大开发和加快工业化、城镇化发展战略,对能源资源特别是清洁能源的需求更加强劲。贵州省拥有丰富的页岩气资源,具备良好的资源基础和加快勘探开发的有力因素。《国务院进一步促进贵州经济社会又好又快发展的若干意见》中,明确提出"推进页岩气勘探开发和利用"的指导意见。进一步加强贵州省页岩气资源调查评价,对于促进贵州页岩气勘探开发,改善能源结构,改变贵州省"无油少气"的局面,带动相关产业发展,增加税收和就业,加快脱贫致富步伐,加快促进贵州省经济社会又好又快发展,实现全面建设小康社会目标具有重要意义。

　　贵州省已发育多套含气页岩层系,厚度大、范围广,具有形成大规模页岩气资源的基本地质基础。2011 年,全国页岩气资源潜力评价结果表明,贵州省页岩气地质资源量为 $10.48 \times 10^{12} \, \text{m}^3$,列全国第四位。在邻区常规油气勘探中页岩气显示丰富,页岩气勘探已获得工业气流突破。尽管后期改造强度较大、保存条件相对较差,但页岩气的吸附富集特征具有更强的抗破坏能力,页岩气的勘探前景较为乐观。美国在高度破坏的东部盆地古生界地层中已成功开发了规模巨大的页岩气,为贵州省开展页岩气资源调查提供了借鉴。

　　国土资源部从 2008 年开始对上扬子地区页岩气地质条件展开研究。2010 年,国土资源部油气资源战略研究中心、中国地质大学(北京)开展了贵州省北部地区(黔北)研究工作;2011 年,成都地质矿产研究所对黔北地区继续开展系统研究,分别实施了页岩气地质调查浅井 1 口,页岩气参数井 1 口(1 500 m),气显状况良好。

　　包括贵州省在内的上扬子及滇黔桂地区是我国潜在的重要页岩气远景区,尽管初步的研究表明其与美国页岩气盆地具有一定的相似性,但也存在明显的区别,含气页岩本身尚处于研究初期阶段。面临的问题主要有以下几方面:(1) 含气页岩的分布需要进一步深化;(2) 缺乏含气页岩成气地质特征系统性研究;(3) 页岩含气量及其富集条件有待深入研究;(4) 贵州省页岩气资源潜力有待落实。

　　为了掌握贵州省含气页岩发育层位、基本地质特征和分布规律,深入评价全省页岩气资源潜力,优选出页岩气勘探开发有利区,争取实现页岩气工业突破,为贵州省页岩气勘探开发总体布局提供基础依据,以及为加强页岩气资源监督管理提供基础支撑,2012 年 3—6 月,贵州省国土资源厅率先组织实施了"贵州省页岩气资源调查评价"项目,这是全国第一个完成的省级页岩气资源调查评价项目。

一、项目概况

(一)项目任务及主要内容

1. 项目任务

本项目工作区为贵州省全境,目标层位为震旦系、下古生界(下寒武统、上奥陶-下志留统)、上古生界(泥盆系、石炭系、二叠系)和中生界(三叠系)等含气页岩层系。根据区域地质背景及地质构造单元,具体划分为黔西北页岩气资源调查区、黔北页岩气资源调查区、黔南页岩气资源调查区和黔西南页岩气资源调查区等四个工作区(图 1 - 4)。主要工作任务如下。

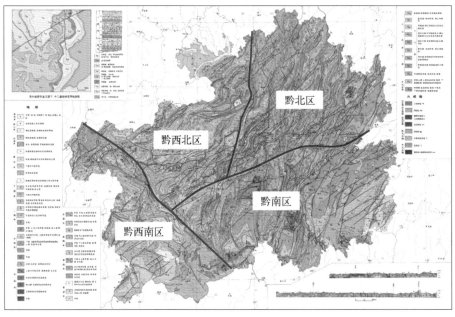

图 1-4 工作区位置

（1）贵州省含气页岩发育层位、地质特征和分布规律。充分收集分析区域基础地质调查资料，实施页岩气调查井，分析贵州省含气页岩的发育层位、分布、深度及厚度变化等，研究其岩石类型、特征及有利沉积相带，研究含气页岩的有机地球化学特征（有机质丰度、有机质类型、热演化等），依据含气页岩的地质-地球化学特征划分含气页岩层段，研究含气页岩层段的含气性特征和储集特征。

（2）贵州省页岩气资源评价和有利区优选。选择并确定适合贵州省页岩气地质特点和条件的页岩气资源评价方法，获取页岩气资源系列参数，厘定关键特征参数，总结页岩气成藏地质条件、富集特点等，评价主要含气页岩层系页岩气资源，优选页岩气有利区。

（3）贵州省页岩气开发试验。实施页岩气开发试验井，通过压裂获取页岩气开发系列参数，研究典型含气页岩层段的页岩气开发前景，预测贵州省页岩气勘探开发发展趋势。

2. 主要内容

以贵州省古生界含气页岩层系为重点，初步揭示含气页岩分布规律、页岩含气特征及页岩气资源潜力，优选页岩气有利区，剖析页岩气开发条件。具体内容有：（1）研究富有机质页岩发育地质特征，包括地质构造特征、沉积与地层特征；（2）研究含气页岩分布特征及规律，包括含气页岩层系剖面分布特征、含气页岩层系平面分布特征、含气页岩层系空间分布特征；（3）研究页岩含气条件及含气特点，包括页岩含气的有机地球化学基础、页岩聚气的孔隙与裂缝特点、页岩含气性变化特点和基本规律；（4）进行页岩气资源评价和有利目标区优选，包括页岩气资源评价及有利区优选的参数分析、全省页岩气资源评价、有利区优选；（5）开展页岩气勘探开发综合评价，包括页岩气勘探开发条件及其主要影响因素、页岩气勘探开发条件综合评价、提出页岩气勘探开发规划建议。

（二）工作部署及完成的工作量

1. 工作部署

根据贵州省目前的基础地质及油气勘探实际情况，结合本项目工作目标和任务，本次工作以页岩气资源调查为目的，将古生界的泥页岩作为重点工作对象，进行相关地质测量工作,部分野外剖面进行实测,开展相关地球物理、钻井、测井和分析测试以及综合编图等工作。

工作量部署包括野外地质、地球物理(包括二维地震、时频大地电磁测深、三维电法)、钻探(调查井和试验井)、分析测试等方面(图1-5)。

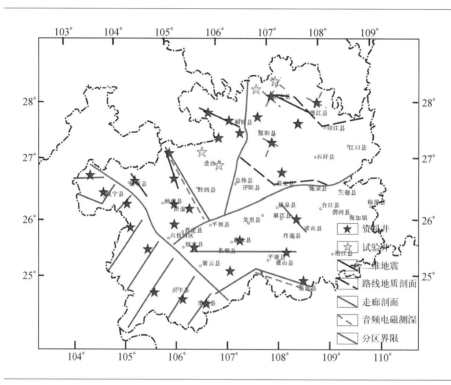

图1-5 贵州省页岩气资源调查评价工作部署

根据项目的总体目标,将项目任务分解为以下几个方面:(1)实施野外地质工作调查评价子项目,依据工作区构造特征、断裂发育、凹陷分布及地层展布特点,将贵州省划分为黔西北、黔北、黔南及黔西南4个工作区;(2)开展贵州省页岩气资源评价及有利区优选综合研究;(3)编制贵州省页岩气勘探开发规划;(4)开展项目综合研究和组织实施管理,进行成果汇总和工作区整体评价以及趋势预测、规划研究等;(5)开发试验井的实施。

划分的4个工作区,分别由中国地质大学(北京)、成都地质矿产研究所、贵州省地质勘查局和贵州省煤田地质局对各工作区进行页岩气基础地质调查、井位选取、资源量评价及有利区优选工作。在此基础上,由中国地质大学(北京)综合项目工作成果,进行全省含气页岩层段系统编图,建立基础资料数据库,提出贵州省页岩气资源综合评价结论。

2. 完成工作量

项目完成了资料调研、野外调查与采样、老资料复查、实验测试、图件编制、调查井(含配套井)井位论证和部分井的钻探施工。为了保证实验结果的合理性及准确度,专门进行了中美对比实验,并在 4 个子项目有利区优选和资源量计算的基础上,复查了有利区并复算了全省页岩气资源量。按设计要求,全面超额完成了相应的工作任务。

项目查阅国内外公开发表文献 1 220 余篇,收集与页岩气相关的研究报告 60 余份,及 38 张浅井柱状图。开展了大量的野外地质工作,调查观测露头点 2 956 个,实测目地层剖面 67 条,共 16 000 m,其中有 56 条实测标准剖面,累积取样 3 939 个,二维地震勘查 1 229 km。野外工作累计 1 270 人天,工作里程 8.9×10^4 km。

开展了石油、煤田和固体矿产勘查井的复查工作,共进行老井复查 62 口,获得了大量珍贵的数据和资料。完成分析测试和模拟试验 9 324 项次,获取了系统的有机碳含量、成熟度、岩石热解、页岩矿物组成和页岩孔渗以及吸附气含量等重要参数数据,为研究页岩气聚集机理和条件提供了第一手资料。针对目的层的黑色页岩地层,实施了 26 口调查井。

对地层层序、构造特点、沉积环境、储层物性、有机地化及页岩气特点进行了进一步的整理研究,根据实测数据并结合前人研究成果,制作了各个地区实测剖面柱状图、剖面图、剖面对比图、页岩沉积相图、构造纲要图、页岩埋深及厚度图、目的层页岩 TOC 和 R_o 等值线图等各种区域性图件 200 张。

3. 组织实施

(1)成立项目领导小组 项目领导小组的组长由贵州省国土资源厅厅长担任,副组长、成员由贵州省国土资源厅、贵州省财政厅、贵州省矿权储备交易局、国土资源部矿产资源储量评审中心、成都地质矿产研究所、中国地质大学(北京)、贵州省地质矿产勘查开发局、贵州省煤田地质局、贵州省有色金属和核工业地质勘查局负责人组成。该领导小组主要负责页岩气专项的重大决策和部署,指导、监督页岩气专项的实施,统筹协调有关部门、地方政府和企业的关系。

项目领导小组下设项目办公室,主任由贵州省国土资源厅主管领导担任,副主任、成员由贵州省国土资源厅、贵州省财政厅、贵州省矿权储备交易局、国土资源部矿产资源储量评审中心、成都地质矿产研究所、中国地质大学(北京)、贵州省地质矿产勘查开发局、贵州省煤田地质局、贵州省有色金属和核工业地质勘查局等相关部门负责人和主要研究人员组成。项目办公室主要负责项目管理,协调解决项目实施过程中的有关问题,组织编写项目设计,督促检查项目执行情况,组织业务培训等日常工作,统筹协调有关部门、地方政府和企业的关系。

(2)成立项目专家组 项目专家组由国内和省内油气资源领域知名的院士、专家、学者组成,主要职责是指导解决项目实施中遇到的重大理论和技术问题,对项目进行全程技术咨询和业务指导。

二、 主要成果与认识

本项目主要成果包括一个总报告《贵州省页岩气资源调查评价》及7个子项目报告,具体包括《黔西北地区页岩气资源调查评价》《黔北地区页岩气资源调查评价》《黔南地区页岩气资源调查评价》《黔西南地区页岩气资源调查评价》《贵州省页岩气资源评价及区块优选综合研究》《贵州省页岩气勘探开发规划》《项目组织实施管理》及相关附图册,评价了贵州全省页岩气资源量及分布,形成"贵州省页岩气资源调查评价数据库"和页岩气资源调查与勘探开发技术规程7个,提出了2个示范区建设论证方案。

(一)总结贵州省页岩地层的构造沉积、分布及含气特点

页岩发育地质背景复杂,海相沉积是一大特色,构造及地层分区性明显。发现并落实了6套潜质页岩层系;不同时代多套潜质页岩发育、类型多样,空间分布广泛,平面分区特征明显。潜质页岩有机质丰度整体较高,演化程度高、脆性矿物含量高、含气性差异大,具有三高一复杂的特征。

贵州省地层发育齐全,以中、新元古界至晚三叠世中期长时间大范围海相沉积为

特色。多期构造演化形成了扬子准地台(Ⅰ)和华南褶皱带(Ⅱ)两个一级构造单元和四个二级构造单元。现在的构造格局主要为燕山期–喜山期多期褶皱叠加、干扰所造成。研究区内页岩气地质条件复杂。除牛蹄塘组和龙马溪组页岩层外,新发现变马冲组、火烘组、打屋坝组/旧司组、梁山组、龙潭组五套富有机质页岩。不同时代页岩空间分布特征各异,其中除牛蹄塘组潜质页岩区域分布广、局部暴露外,其余页岩都在局部地区发育。其中黔南和黔西地区是重要的页岩发育区域。有机质类型主要以Ⅱ型为主,梁山组与龙潭组为Ⅲ型。有机质丰度总体较高,但非均质性较强。总体上各层位有机碳含量平均值均达到生气水平。

(二) 统一并确定页岩气实验测试方法和参数选取原则

对页岩及页岩气相关实验方法进行了汇总分析,形成了页岩气实验分析方法体系及方法系统分类,分析了页岩气相关实验主要方法的基本原理、仪器特点、实验结果特点及页岩气相关实验的方法适用性。在综合地质研究基础上,认为页岩气选区中各参数的选取原则主要有下面几点:

(1) 合理原则,指合理剔除异常点,结论需要服从地质规律;

(2) 关联原则,指连续型数据的分析需要避免地质矛盾;

(3) 优先原则,指本次研究中的实测数据使用需优先于引用他人成果、优先于公式计算结果;

(4) 精度原则,指先进方法、先进仪器、先进理论数据的使用优先于常规方法、仪器、理论所得到的数据;

(5) 时间变化原则,指尽量使用新近的得到的数据和结论;

(6) 少数服从多数原则,指多数得来数据先于少数得来数据。

(三) 优选 26 个页岩气有利区

编制了页岩气资源调查的相关技术要求 7 个。初步建立了以体积法为主、以有利区为单元的页岩气资源评价方法,建立了有利区优选标准。综合分析了贵州省各套黑色页岩目的层系的沉积环境、有机碳含量、成熟度、厚度、埋深和总含气量等指标,优选出页岩气富集有利区 26 个,其中牛蹄塘组有利区 5 个,变马冲组有利区 1 个。龙马溪组页岩气勘探有利区分布范围有一定的局限性,主要分布在习水、桐梓地区、道真地区和沿河地区;下石炭统旧司组页岩气聚集发育的最有利区位于威宁地区、晴隆-望谟一带以北和长顺-紫云一带;贵州地区下二叠统梁山组页岩气聚集发育的有利区位于威宁-水城及晴隆地区;上二叠统龙潭组页岩气聚集发育的最有利区主要位于大方-金沙-黔西大片区域以及黔西南的威宁、盘县、晴隆、贞丰、兴义一带。

(四) 评价贵州省各目的层系页岩气资源潜力

采用条件概率体积法对贵州省下寒武统牛蹄塘组、下寒武统变马冲组、下志留统龙马溪组、中泥盆统火烘组、下石炭统打屋坝组、下二叠统梁山组及上二叠统龙潭组页岩气地质资源量和有利区资源量分别进行了评价计算。全省总地质资源总量 135 395.12 $\times 10^8 \text{ m}^3$,有利区页岩气地质资源量 92 155.44 $\times 10^8 \text{ m}^3$。按层系区分总地质资源量,下寒武统牛蹄塘组 66 789.13 $\times 10^8 \text{ m}^3$,下寒武统变马冲组 4 796.75 $\times 10^8 \text{ m}^3$,下志留统龙马溪组 18 321.98 $\times 10^8 \text{ m}^3$,下石炭统打屋坝组 5 681.63 $\times 10^8 \text{ m}^3$,下二叠统梁山组 16 512.49 $\times 10^8 \text{ m}^3$,上二叠统龙潭组 23 293.14 $\times 10^8 \text{ m}^3$;可采资源量 19 469.49 $\times 10^8 \text{ m}^3$。其中下寒武统牛蹄塘组 8 014.70 $\times 10^8 \text{ m}^3$,下寒武统变马冲组 575.61 $\times 10^8 \text{ m}^3$,下志留统龙马溪组 2 748.30 $\times 10^8 \text{ m}^3$,下石炭统打屋坝组 965.88 $\times 10^8 \text{ m}^3$,下二叠统梁山组 2 972.25 $\times 10^8 \text{ m}^3$,上二叠统龙潭组 4 192.77 $\times 10^8 \text{ m}^3$。

(五) 对全省含气层段进行含气量分析

利用多种手段开展页岩含气量分析。岩心现场解吸显示龙潭组、龙马溪组、梁山组、打屋坝组含气量较高,龙潭组含气量为 1 ~ 19 m^3/t,马溪组含气量为 1 ~ 4 m^3/t,梁山组含气量为 1 ~ 4 m^3/t,打屋坝组含气量为 1 ~ 2 m^3/t。等温吸附模拟结果显示,这几套页岩均具有较强的吸附能力。石油探井资料和页岩气调查井资料解释结果显示,页岩中游离气含量也较丰富,贵州省潜质页岩具有较大的页岩气勘探前景。

(六) 页岩气勘探开发综合示范区的提出

在全省页岩气有利区优选的基础上,经过系统分析,考虑页岩气管理和有序开发的需要,提出了两个页岩气勘探开发综合示范区,总面积约 11 422 km^2,地质资源量为

12 211.31 $\times 10^8$ m^3，可采资源量为 2 198.1 $\times 10^8$ m^3，其中道真-正安页岩气勘探开发综合示范区面积 5 083 km^2，地质资源量 3 678.31 $\times 10^8$ m^3，可采资源量 662.1 $\times 10^8$ m^3；黔西-金沙页岩气勘探开发综合示范区面积 6 339 km^2，地质资源量 8 533 $\times 10^8$ m^3，可采资源量 1 536 $\times 10^8$ m^3。

（七）全国首个省级页岩气勘探开发规划建议的提出

依据本项目成果，在对贵州省页岩气资源潜力和优选出的有利区进行深入分析的基础上，根据国家"十二五"规划和《页岩气发展规划(2011—2015 年)》，结合贵州省经济社会发展实际，为大力推动贵州省页岩气勘探开发，增强天然气资源可持续供给能力，满足贵州省不断增长的能源资源需求，促进能源结构优化，扩大经济总量，加快转变经济发展方式，全面提升全省综合实力，实现全省经济社会又好又快、更好更快发展，提出了贵州省页岩气勘探开发规划建议。规划建议分析了贵州省经济社会发展对天然气的需求，介绍了国内外页岩气勘探开发现状和贵州省页岩气勘探开发现状与前景，分析了当前面临的问题和有利条件，阐述了勘探开发页岩气的重要意义，论述了页岩气发育有利区及其资源潜力。提出了规划的指导思想、工作原则和规划目标，从 7 个方面进行了规划布局，明确了 3 项重点任务和 3 项重点工程，对社会效益和环境保护进行了评估，对规划实施提出了 6 项保障措施。

（八）探索以省为单元的页岩气资源调查评价模式及管理方式

作为全国第一个省级页岩气资源调查评价项目，在项目立项之初，就研究确定了工作模式和项目管理制度。为保证项目的顺利实施，在借鉴全国页岩气资源潜力调查评价和有利区优选项目经验的基础上，结合贵州实际，提出了"整体设计、统筹部署、整合力量、分工负责、先期培训、专家指导、协调推进、注重成效"的工作思路。依托国内页岩气资源调查评价权威机构和单位，聘请知名专家，整合省内现有地勘单位和各种要素，配备业务骨干，开展项目工作。确定了项目论证、设计审查、定期推进、中期检查、重点会商、野外验收、项目预审、评审验收和成果总结等项目运作管理模式。加强领导、精心组织、强化管理、严格程序、统筹协调，保证了项目的顺利实施，为今后全面开展页岩气勘探开发积累了经验。

（九）研究起草的"页岩气资源调查与勘查开发技术规程"列入国土资源部 2013 年国土资源标准化"在研项目"计划

依托本项目，调研国内外页岩气资源调查与勘查开发技术发展现状，围绕我国还没有页岩气资源调查和勘查开发技术标准规范的现实情况，为保证贵州省页岩气资源调查评价项目和今后勘探开发页岩气资源的需要，结合我国和贵州省的实际，在充分论证的基础上，研究形成了涵盖页岩气地质评价、物探资料处理解释、钻完井、测井、实验分析、储层改造、资源经济技术评价等 14 项技术规范的草案。同时，提出了构建适合中国页岩气资源调查评价与勘查开发技术标准规范体系建议。研究成果对规范和指导我国页岩气资源调查和勘查开发活动，提高资源调查和勘探开发效果，缩短技术研发的周期和进程，快速取得各项技术突破，具有重要的参考意义。

三、 启示与建议

调查评价结果表明，贵州省页岩气发育层位多、分布广、资源潜力大，聚集条件多样，开发前景广阔。

（一）主要启示

在我国页岩气勘查开发刚刚起步的阶段，贵州省作为页岩气资源富集的省份，率先组织实施全省范围内的页岩气资源调查评价工作，面临着页岩气基础地质复杂、调查评价技术方法和运行机制不完善、管理模式存在一定弊端等诸多问题。如何尊重地质工作规律，准确把握项目定位，正确选择工作方向和重点，以开拓创新精神，开展本省页岩气资源调查评价工作，摸清贵州省页岩气资源家底，优选页岩气有利目标区和综合示范区，促进贵州省页岩气勘探开发重大突破，是本项目始终面对和必须要解决的重要任务。本项目的实施，充分发挥了省政府资源管理部门在战略性、基础性、公益性资源调查中的作用，有效运用了长期从事基础地质调查和组织国家和省重大专项的成功经验，在探索和实践页岩气新矿种调查评价模式、实行产学研相结合及创新管理机制等方面积累了经验,为今后持续开展全省页岩气资源调查评价工作和促进贵州省页岩气勘查开发提供了重要启示。

(1) 必须坚持公益性、基础性、前瞻性定位,体现贵州省页岩气发展需求

本项目坚持由省政府资源管理部门主导,坚持公益性地质工作的基本定位,始终把为省政府和社会公众提供页岩气地质信息,为政府决策和管理页岩气资源提供科学依据,为各类企业提供页岩气基础地质资料和有利目标区,降低勘探风险为主要目的,体现了我国对页岩气资源勘探开发与利用必须提早一个五年到十年,甚至更长时间做好前期准备的决心;为大规模勘探开发页岩气提供资源保障的要求,体现了政府资源管理部门在页岩气资源宏观管理和调查布局以及矿业权管理的需求,体现了各类企业对页岩气基础地质资料信息和有利目标区的需求,基本实现了页岩气资源调查评价项目确定的工作目标。

实践证明,要搞好页岩气资源调查评价工作并取得成效,就必须从实际出发,准确把握项目的公益性、基础性、前瞻性定位,将国家利益、政府资源管理部门的需求、各类企业勘探开发的需求有机地结合起来,使页岩气资源调查评价工作成为贵州省实现页岩气勘探开发重大突破的有效途径和重要基础,进而成为提高页岩气勘探开发基础支撑能力的前期性工作。

(2) 必须坚持以资源评价和有利区优选为重点,努力摸清页岩气资源家底

本项目坚持以页岩气资源评价和有利区优选为重点,针对贵州省页岩气地质工作程度低、资源家底不清等问题,开展公益性、基础性的页岩气地质调查评价工作。通过扎实的野外地质调查和投入必要的钻井等实物工作量以及系统的综合研究,紧紧围绕任务目标,着力解决贵州省页岩气基础地质和调查技术方法问题,取得了一系列页岩气地质新认识,技术方法应用取得了新进展,为促进页岩气勘探开发奠定了基础。

实践证明,在页岩气调查和勘探开发起步之初,就必须结合我国和贵州省页岩气地质条件和勘探开发面临的困难和问题,将贵州省页岩气基础地质研究和资源评价及有利区优选作为主攻方向,为今后页岩气勘探开发打下坚实的基础。

(3) 必须坚持产学研相结合,最大限度地发挥各方面优势

本项目坚持政府资源管理部门主导,走地勘单位、高等学校、相关研究机构合作的道路,发挥地勘单位野外工作实践和相关高等学校、研究机构的理论与基础研究优势,

依托"外脑"联合攻关,有效整合创新资源,实现优势互补和资源资料共享,推动了页岩气地质理论研究和技术方法应用,这对本项目取得的各项成果起到了积极的促进作用。

实践证明,要保证页岩气资源调查评价项目顺利完成并取得成效,就必须坚持与地勘单位、高等学校、研究机构之间的协作和联合,建立和完善以地勘单位为依托、高等学校和研究机构为骨干的页岩气资源调查评价工作队伍体系。

(4)必须坚持工作机制和管理方式创新,保障项目取得成效

本项目坚持立足当前、着眼长远,将页岩气资源调查评价与创新工作机制和管理方式紧密结合起来,着力解决页岩气资源调查评价工作中存在的管理经验不足、管理办法和技术要求缺失等问题,建立健全一套保障和促进页岩气资源调查评价工作顺利进行的管理程序和技术规范要求,积累项目管理经验。

实践证明,要保证页岩气资源调查评价项目顺利完成并取得成效,就必须坚持求真务实、开拓创新,积极探索和完善充满活力、富有效率、管理规范、有利于页岩气资源调查评价取得成效的工作机制和管理方式,为做好页岩气资源调查评价工作提供保障。

以上经验启示我们:在省级层面上开展页岩气资源调查评价工作,目的在于满足省级页岩气发展需求、资源管理需求、企业需求,促进页岩气勘探开发;重点在于强化页岩气基础地质研究、评价资源潜力和优选有利目标区,摸清省级页岩气资源家底;关键在于产学研相结合,最大限度地发挥各方面的集成优势;作用在于促进页岩气勘探开发,充分发挥省级专项的引导作用;动力在于创新工作机制和管理方式。

(二)几点建议

贵州省页岩气资源调查评价工作已基本结束,但页岩气勘探开发是一项长期任务。为此,我们建议:要围绕贵州省经济社会发展的宏伟目标,解放思想、勇于创新,加强基础、突出重点,开拓领域、着力突破,在新的起点上加快推进页岩气勘探开发,尽快实现突破,实现新的战略跨越。

(1)制定贵州省页岩气勘探开发规划

根据国家和贵州省"十二五"规划及国家能源规划、《页岩气发展规划(2011—2015年)》专项规划要求,充分利用全省页岩气资源调查评价取得的成果,分析形势,结合贵州省经济发展对天然气需求的实际,研究并制定贵州省页岩气勘探开发规划,提出今

后贵州省页岩气勘探开发指导思想、规划目标、规划布局和示范区建设,提出措施建议。通过编制和实施规划,增强宏观调控能力,增强天然气资源可持续供给能力,满足贵州省不断增长的能源资源需求,促进能源结构优化,扩大经济总量,加快转变经济发展方式,全面提升贵州省综合实力,实现全省经济社会又好又快、更好更快发展。

(2)制定和落实页岩气产业发展鼓励政策

鼓励中央、地方国有资本和国内外民间资本或技术等以参股、合作、提供专业服务等方式参与页岩气勘查开发工作,充分调动各方面的积极性。参照国家相关部门制定的相关页岩气产业政策,研究制定贵州省页岩气具体鼓励措施;在页岩气勘探开发初期,依法减免相关税费,降低企业的投入成本,为页岩气产业的持续发展提供空间;对页岩气勘探开发等鼓励类项目进口国内不能生产的自用设备(包括随设备进口的技术),按照国家规定实行进口税、增值税减免;页岩气出厂价格实行市场定价,页岩气开发和配套设施建设实行优先用地审批。

(3)建设页岩气勘查开发和综合利用示范区

在贵州省页岩气资源富集地区,组织实施页岩气勘查开发和综合利用示范区,开展试点,重点选择渝北等页岩气有利区,建设贵州省页岩气勘查开发和综合利用示范区,在评价与开发技术、环境保护、管理体制、政策支持、利用模式和监管等方面进行综合试验,率先突破,形成储量和产能。制定科学合理的发展规划和试点工作方案,明确页岩气勘查开发利用一体化示范区定位、示范目标、发展重点和保障措施,加强组织领导和统筹协调,不断总结经验,为推进全省页岩气勘查开发和利用提供借鉴,经过几年的努力,将示范区建成贵州省页岩气重要的产能基地,为推进全省乃至全国页岩气勘探开发和利用提供借鉴。

(4)加强页岩气勘探开发关键技术攻关

加强与国内相关科研机构、国有油气大公司的合作和技术研发,共同参加国家页岩气科技重大专项,加大对页岩气水平井钻完井、分段压裂、实验分析测试、目标区评价等技术的支持力度,取得关键技术的突破,为页岩气规模化生产、降低开发成本提供技术支撑。

(5)建立页岩气勘探开发新机制

按照"多元化参与,市场化运作"的总体思路,推进页岩气勘探开发新机制建立。

推进投资主体多元化,积极引进国有大企业、培育省内企业、引领中小企业等多种投资主体,共同投入贵州省页岩气勘探开发;推进页岩气市场化管理,严格执行矿业权招投标、区域退出机制及合同管理等制度;建立地方政府监管体制,严格执行监管依据和相关规定,积极培育健康有序的页岩气市场。

(6)加强页岩气勘探开发中的环境保护

页岩气具有广阔的发展前景,是一种清洁能源,但其勘探开发过程对环境也会产生一定的影响。我国页岩气的勘探开发刚起步,需要开展页岩气开采前的环评和开采过程中的监管。加强页岩气勘探开发工程对环境影响的评估,特别是水力压裂所用化学物质对地下水的潜在污染和对地表环境的影响等,严格执行我国现有的环境保护方面的法律法规。

(7)加快页岩气人才培养和队伍建设

建强队伍,优化结构,以适应页岩气资源调查评价和勘探开发的需要。借鉴国外的先进模式,结合我国国情、省情,加强页岩气人才培养和队伍建设。搭建各类页岩气平台,优化队伍结构,增强功能,体现特色,充实技术业务骨干,提升整体实力,为贵州省页岩气资源调查评价和勘探开发提供组织保障。

第五节 鄂尔多斯盆地陆相地层页岩气勘探取得重大突破

页岩气已成为全球油气勘探开发的新"亮点",但陆相地层页岩气勘探开发还没有成功先例,即使是在页岩气勘探开发最早、最成功的美国,也主要集中在海相地层。2010年以来,延长石油集团在陕西省延安市甘泉县实施了我国第一批陆相页岩气探井,在三叠系延长组陆相页岩段获得页岩气工业气流,开拓了国内外陆相页岩气勘探开发的新领域,意义十分重大。

2010年以来,延长石油集团在鄂尔多斯盆地矿权区内开展了陆相页岩气研究和前期勘探工作,利用常规油气探井获取三叠系延长组长7段和长9段泥页岩岩心进行系统的参数分析,并进行了页岩气测井研究。通过研究发现,这两段页岩具备良好的页岩气相关参数指标,页岩气富集特征明显,这进一步坚定了在陆相泥页岩中开展页岩气勘查的信心。

2011年上半年在延安市甘泉县等地部署完钻了12口页岩气探井,目前完成了3口井的直井压裂试采。其中,柳评177井井深1949 m,长7段张家滩页岩埋深1462~1517 m,厚55 m,实施小规模实验性压裂,经测试点火,焰高5~6 m,日产气2 000 m³。此后又对新57井的长9段(厚20.5 m),和柳评179井长7段(厚54 m)进行了大型水力压裂试采,当日点火成功,目前正在进行排液试采,日产量均超过2 000 m³,成为我国乃至世界第一批取得工业气流的陆相页岩气井组。

鄂尔多斯盆地中生界陆相页岩气勘探取得突破,开拓了我国陆相页岩气勘探新领域。在三叠系延长组页岩气勘探取得成功的鼓舞下,延长石油集团部署实施了延页1井和延页2井两口页岩气参数井,在延长组页岩气勘探的同时,向深部上古生界海陆交互相页岩气延伸勘探,上古生界目的层泥页岩厚度超过百米。一旦取得成功,将开拓我国上古生界海陆交互相页岩气这一新的勘探领域。

鄂尔多斯盆地陆相页岩气勘探的成功,首先证明了陆相沉积盆地存在页岩气,并可以进行勘探开发。鄂尔多斯盆地中生界页岩气有利区面积 7×10^4 km²,上古生界页岩气有利区面积 15×10^4 km²,初步估算,页岩气原地资源量在 25×10^{12} m³ 以上,按20%采收率计算,页岩气可采资源量在 5×10^{12} m³ 以上,潜力巨大。

更为重要的是,陆相含油气盆地是我国主要产油气盆地,这些盆地油气勘探开发基础设施完善,是开展页岩气勘探开发的理想地区。其中四川盆地、准噶尔盆地、吐哈盆地、柴达木盆地、渤海湾盆地、松辽盆地等陆相页岩也广泛发育。我国陆相页岩的热演化程度普遍不高,能否发现页岩气一直被质疑。实践证明,在热演化程度偏低的陆相页岩中也有丰富的天然气生成,突破了现有理论认识,同时也为陆相页岩气理论研究提出了新课题,深入加强理论研究,将进一步丰富和发展我国陆相成油理论。

第二章

破题与开创：
页岩气新矿种的
确立

第一节　　页岩气和页岩气新矿种的确立依据及其意义

一、页岩气及其特点

(一)页岩气的定义和基本特点

页岩气是指赋存于富有机质泥页岩及其夹层中,以吸附或游离状态为主要存在方式的非常规天然气,是一种清洁、高效的化石能源资源。

1. 理化性质

页岩气在自然状态下无色、无味,密度为 $0.6 \sim 0.75 \text{ g/cm}^3$,热值为 $8\,500 \sim 9\,500 \text{ kcal}$[①]$/\text{m}^3$,常温下易燃。页岩气的化学成分主要为甲烷($CH_4$),一般含量在85%以上,最高可达 99.8%,另外还含有少量的乙烷(C_2H_6)、丙烷(C_3H_8)和丁烷(C_4H_{10})等。

2. 赋存特征

当页岩或泥岩埋深达到一定程度、有机质经受一定程度的热演化后,即可以生物化学或热裂解作用在原位生成并以多种方式(吸附、游离和溶解状态)储集于泥岩或页岩层系中。与常规天然气不同,页岩气没有明显运移,也没有气水界面。页岩具有超低孔渗特性,一般无自然产能,开采难度相对较大,通常需要对储层进行大规模增产改造。此外,页岩气在其他许多方面也存在与常规天然气之间的明显差别。

3. 主要用途

页岩气是一种清洁、高效的能源资源和化工原料,主要可用于居民燃气、城市供热、发电、汽车燃料和化工原料等。页岩气发电具有清洁环保低污染、热点联产利用率高等特点,特别是在产地附近就地发电,发展分布式能源具有较高的价值。页岩气化工主要是通过裂解、蒸汽转化、氧化、氯化、硫化、硝化、脱氢等反应生产合成乙炔、二氯甲烷、四氯化碳、氨、甲醇、乙烯、二硫化碳、硝基甲烷、炭黑等。

---

① 1 卡(cal) = 4.19 焦耳(J)。

（二）页岩气的成藏特点及开发条件

页岩气之所以被确立为新矿种,与其他类型天然气藏相比,特点十分突出,具体如下。

1. 含气页岩层段基本固定,自生、自储、原地聚集

页岩气主要分布于富有机质泥页岩地层中,这类地层在沉积地层中的形成时代和分布层位基本固定,在以往大量的地质调查、油气、煤炭、煤层气以及固体矿产勘查中已经获取了大量的地质资料信息,对其基本地质特征均有不同程度的掌握,但因没有将其作为页岩气目的层开展针对性工作,对其含气性和储集能力等页岩气相关地质、有机地球化学的研究基本处于空白状态。页岩气具有自生、自储、自保的成藏特征。中国富有机质页岩层系分布广泛,类型多样。其中的海相富有机质页岩主要形成于下寒武统、上奥陶-下志留统和泥盆系,页岩沉积厚度大、分布面积广,在扬子和塔里木等地区广泛发育;湖相富有机质泥岩主要形成于二叠、侏罗、白垩及古近系,在我国含油气盆地中广泛存在;海陆过渡相泥页岩层系主要形成于石炭-二叠系,在华北、滇黔桂等地区广泛分布。

2. 赋存方式以吸附和游离为主

烃类气体在页岩中以吸附和游离赋存方式为主。其中吸附气含量随着埋藏深度的增加而增加,梯度由快变慢,到 2 000 m 以深,增加速率明显降低;游离气随深度的增加而平稳增加。在 1 500～2 500 m 深度范围内,吸附气和游离气各占50%左右。吸附相的存在,使其明显区别于常规气和致密气;游离相的存在,使其又有别于煤层气。

3. 储层具有超低孔渗特征

页岩储层基质孔隙度一般小于10%,孔隙空间包括粒间孔、有机质孔隙和微裂隙等,孔隙类型多样。其中,有机质演化形成的孔隙对储集空间有明显的作用和贡献,一般可达25%以上。页岩基质渗透率极低,通常在纳米级,如果天然裂缝不发育,页岩气无法自行流动,就不能形成自然产能。

4. 无明显的气藏边界

页岩气主要受富有机质页岩分布和埋深控制,具有区域性分布的特点,勘探成功率较高;与常规油气的分布主要受烃源岩和圈闭控制的特点有明显差别,在构造破坏严重地区往往会有意想不到的发现。

5. 页岩气的开发高度依赖于技术进步

页岩气开发的主体技术主要是页岩层系水平井钻完井技术和水平井分段压裂技术。页岩层系水平井技术的关键是准确钻遇目的层并保持井眼完整,以便于后续固井和压裂。水平井分段压裂技术的关键是实现页岩层系的体积压裂,这种压裂要求尽量在页岩层系中形成网状裂缝,增加泄气面积。这与常规油气储层改造中要求尽量制造长缝的理念完全不同,两者在压裂的技术细节方面差别较大。

6. 页岩气开发生产要求在高技术应用前提下大幅降低成本

页岩气水平井的初始产量一般为 $(6 \sim 8) \times 10^4$ m³/d,初期产量下降快,第一年产量将下降 60% ~ 70%,降至 2×10^4 m³/d;之后产量下降速度明显减缓,生产周期一般为 30 ~ 50 年。页岩气为劣质资源,如果按照常规油气思路进行开发,必然会导致开发成本居高不下,难以实现经济有效的开发。对于页岩气的低成本开发,一般通过水平井组开发方式实现,即在一个井场实施 10 ~ 20 口水平井,集约用地,降低钻井、压裂和开采成本;也可以通过页岩气、页岩油等多种类型资源的综合开发,引进竞争机制,通过竞争等多种方式综合降低成本。

二、 页岩气的发现

2011 年,由国土资源部油气资源战略研究中心牵头,联合中国地质大学(北京)、重庆市国土资源和房屋管理局、重庆市地质矿产研究院,以国土资源部油气资源战略研究中心在重庆市彭水县莲湖乡实施的第一口页岩气资源战略调查井——渝页 1 井页岩气的发现为依据,在充分分析页岩气特点及其与常规天然气、煤层气区别的基础上,研究并形成了页岩气新矿种申报报告,经专家论证后,国土资源部向国务院正式申报页岩气新矿种,2011 年 11 月,经国务院批准,确立了页岩气新矿种的地位。

2009 年,依托《中国重点地区页岩气资源潜力及有利区优选》项目,由国家财政出资,实施了渝页 1 井。该井位于七曜山背斜带郭厂坝背斜核部,地表出露地层为下古生界龙马溪组下段第六小段地层,岩性为灰-黄绿色页岩,推测龙马溪组下段第二小层和第一小层富含有机质页岩埋深在 80 ~ 100 m,厚度在 120 m 左右。该井从 100 m 开始钻遇下志留统龙马溪组富有机质页岩层系,完钻井深 325 m(未穿),钻遇的富有机质页岩厚度远大于预测厚度。

该井获取岩心 300 米,通过解析岩心获取了页岩气气样(图 2－1)。在 9 个气样中,7 个气样的主要成分为甲烷、乙烷和一定数量的二氧化碳及氮气,在 206. 75 ~ 209. 18 m 深度的样品中还发现了丙烷的存在。样品中甲烷含量一般在 61% ~ 88% 变化,乙烷含量一般在 5% ~ 15% 变化,丙烷含量一般在 0 ~ 5% 变化。渝页 1 井取得了页岩气发现。

通过对渝页 1 井岩心的等温吸附模拟(图 2－2),研究了该层段富有机质页岩的吸附能力;经分析测试,获取了系统的页岩气资源潜力评价参数数据。这些数据揭示

图2－1 渝页 1 井 287. 5 m 岩心样品累积解吸气量

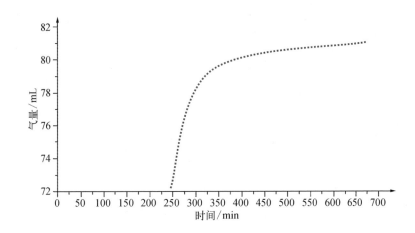

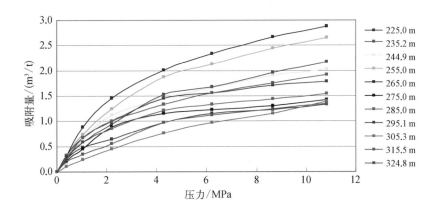
图2－2 渝页 1 井 225. 0 ~ 324. 8 m 页岩的甲烷等温吸附线

了中国南方台隆地区古生界页岩气的广阔前景,并为在区域范围内进一步实施中国页岩气资源战略部署和勘查开发提供了重要基础,同时也为页岩气新矿种的确立提供了基本依据。

三、 确立页岩气新矿种的意义

将页岩气确定为新矿种的最大意义在于,为多种投资主体平等进入页岩气勘查开发领域创造了机会,符合国家利益和企业利益。确立了页岩气的独立矿种地位,为油气和非油气企业,特别是资金实力雄厚的非油气企业从事页岩气勘查开发提供了相同的条件,对放开市场、引入竞争、科技攻关、促进勘查开发、提高清洁能源保障能力具有重要意义。

(1) 有利于放开页岩气矿业权市场

确定页岩气为独立的新矿种,与常规天然气区分开来,开放页岩气矿业权市场,是油气领域的一项重大创新,其意义是空前的。有利于推进页岩气勘查开发投资主体多元化,鼓励国内具有资金、技术实力的多种投资主体进入页岩气勘查开发领域。同时,为国外企业以合资、合作等方式参与页岩气勘探开发,以及民营资本、中央和地方国有资本等以独资、参股、合作、提供专业服务等方式参与页岩气投资开发提供了平等、相同的机会,可以极大激发市场的活力。

(2) 有利于促进油气勘查理论创新和技术进步

确定页岩气为独立的新矿种,就要加大科技攻关力度,用无限的科技潜力改变有限的资源状况,通过加大科技攻关力度和对外合作,引进、消化、吸收先进技术,掌握页岩气勘查开发的核心技术,最终形成适合中国地质条件的页岩气地质调查与资源评价技术方法、页岩气勘查开发关键技术及配套装备。同时,也有利于开拓其他非常规油气资源勘查开发技术的思路,并应用到其他非常规油气的勘探开发中,从而促进油气资源领域技术的全面进步。

(3) 有利于推动油气资源管理制度创新

确定页岩气为独立的新矿种,就要加快页岩气矿业权管理制度的改革创新,这不仅是页岩气本身的问题,也是关系整个油气资源管理体制和能源供应安全的问题。以页岩气矿业权管理制度改革为切入点,先行先试,不断探索,总结成功经验,进而促进整个能源管理体制实现创新,最终实现导向变革,不仅可以促进页岩气自身的勘查开发,尽快落实储量,形成产能,还将对中国常规油气改革起到重要的先导示范作用。

（4）有利于增加清洁能源供给

确定页岩气为独立的新矿种,要加大勘查开发力度,尽快实现产业化,可以促进改善能源结构,增加气体能源供给,缓解中国天然气供需矛盾,降低温室气体排放;也可以带动基础设施建设,改善页岩气产地基础设施建设,促进管网、液化天然气（LNG）、压缩天然气（CNG）的发展;同时,拉动钢铁、水泥、化工、装备制造、工程建设等相关行业和领域的发展,增加就业和税收,促进地方经济乃至国民经济的可持续发展。

四、 页岩气资源前景及加快勘查开发建议

（一）中国页岩气资源前景

页岩气可在富有机质页岩中大面积连续分布。中国富有机质页岩分布广泛,在海相、海陆过渡相和陆相地层中广泛发育。在扬子、滇黔桂和新疆地区,海相页岩发育;在四川、鄂尔多斯等含油气盆地,陆相富有机质页岩发育;在华北、滇黔桂以及其他含煤盆地(群)中,海陆过渡相泥页岩发育。这些富有机质泥页岩多具备页岩气成藏条件,资源潜力巨大。

全国页岩气资源潜力调查评价及有利区优选项目,评价和优选结果是以每个评价单元含气(油)页岩层段划分为基础,在系统解剖典型含气(油)页岩层段基础上,进行各项参数的区域展开,形成系统的评价参数。这种评价方式所获取的参数资料信息系统全面,评价结果的依据充分。经评价,中国陆上页岩气地质资源潜力和可采资源潜力分别为 $134.42 \times 10^{12} \text{ m}^3$、$25.08 \times 10^{12} \text{ m}^3$（不含青藏区）;优选出页岩气有利区 180

个。评价结果表明,中国页岩气资源潜力大,分布面积广,发育层系多。到2015年,中国页岩气探明可采储量约$2\,000 \times 10^8\,m^3$,产量达$65 \times 10^8\,m^3$,页岩气勘探开发初见成效;展望2020年,页岩气探明可采储量约$20\,000 \times 10^8\,m^3$,产量$800 \times 10^8\,m^3$,页岩气勘查开发初具规模。页岩气储量、产量的增长将主要来自四川、重庆、贵州、湖北、湖南、陕西、新疆等省(区、市)的四川盆地、渝东鄂西地区、黔湘地区、鄂尔多斯盆地、塔里木盆地等区域。

(二) 加快勘查开发建议

1. 加强页岩气资源潜力调查评价工作

加强全国页岩气资源潜力调查评价工作,继续将全国划分成上扬子及滇黔桂区、中下扬子及东南区、华北及东北区、西北区、青藏区5个大区开展页岩气资源调查评价,掌握中国富有机质泥页岩发育特点和分布特征,获取各区主要目的层位的富有机质页岩基本参数,评价全国页岩气资源潜力,优选页岩气远景区和有利目标区。

2. 创新页岩气资源管理制度

实行国土资源部一级管理,有序放开。由国土资源部编制和落实页岩气资源勘查开发规划,采用矿业权招标方式出让,实行一级登记,颁发勘查许可证或采矿许可证。允许资金雄厚和具备勘查资质条件的企业组成联合体,参与页岩气矿业权竞标,有序进入页岩气勘查开发领域。加强监督管理,明确页岩气勘查开发监管职责,规范监督管理程序和内容,维护国家和页岩气矿业权人合法权益。

3. 加大政策支持力度,实现页岩气跨越式发展

参照现行煤层气优惠政策,给予页岩气财政补贴;减免矿产资源补偿费和资源税;对页岩气勘查开采等鼓励类项目下进口的国内不能生产的自用设备(包括随设备进口的技术),按有关规定免征关税;研究制订科学合理的页岩气价格形成机制;在用地审批等方面给予支持。

结合中国页岩气资源条件和勘查开发技术,制定页岩气跨越式发展的勘查开发规划,督促页岩气勘查开采企业加大勘查投入,尽快落实储量,形成规模产量,推动页岩气产业健康快速发展。

第二节　"独立矿种"

——页岩气勘探开发将不再受制于油气专营权的约束

作为非常规油气资源,页岩气被称为"潜在的胜负手",是当前最被关注的能源类型之一。眼下,页岩气正在悄然改变中国的能源版图。

2012 年 3 月,国家发展改革委员会、国土资源部、财政部、国家能源局联合发布《页岩气发展规划(2011—2015 年)》,并提出:到 2015 年,中国页岩气年产量达到 $65 \times 10^8 \ m^3$,到 2020 年页岩气年产量力争达到 $(600 \sim 1\ 000) \times 10^8 \ m^3$。

雄心勃勃的计划背后是对中国页岩气资源充裕性的估测。目前,国土资源部的数据显示,我国陆域页岩气可采资源潜力为 $25 \times 10^{12} \ m^3$。2011 年,美国能源情报署(EIA)所估测的中国页岩气储量为 $36 \times 10^{12} \ m^3$。虽估测数值不同,但这两种估测结果均表明,中国的页岩气资源量很有可能为世界最高。

值得注意的是,在公布规划的三个月之前,国务院刚刚批准了国土资源部的申报,决定将页岩气列为"独立矿种",这意味着页岩气的勘探开发将不再受油气专营权的约束。

页岩气带来的突破性超出了人们的预期。与此同时,社会舆论对于页岩气在技术、成本、监管体制层面即将带来的革新,也充满了期待。页岩气这一新型能源将如何实现能源领域革新的期望?页岩气能否避免新能源"大跃进式"的发展路径?

一、页岩气资源潜力

2012 年 3 月 1 日,《全国页岩气资源潜力调查评价及有利区优选》成果发布,指出全国页岩气可采资源潜力为 $25.08 \times 10^{12} \ m^3$。这是我国页岩气资源第一次摸"家底"。页岩气是新型能源,在摸清页岩气资源的"家底"之前,我们在页岩气基础地质理论、评价技术和方法、人才等方面做了较长时间的准备。国土资源部油气战略研究中心是最早参与页岩气研究的,2004 年开始进行跟踪研究,2009 年国家对页岩气资源研究正式立项,有了财政投入,才开始启动全国性的页岩气资源调查评价。2009 年,摸清全国的

"家底"之前,国土资源部先在重庆、四川、贵州、湖北四省交界处建立了一个页岩气资源战略调查先导试验区,国内的油气公司、相关科研单位和高校等共10多家单位参与其中,最终从中把握了我国页岩气分布的规律和特点以及评价方法、标准。

在此基础上,初步建立了我国页岩气资源评价方法和有利区优选标准等指标体系,并在全国铺开试行,将全国分成上扬子及滇黔桂区、中下扬子及东南区、东北及华北区、西北区、青藏区等5大区域进行评价。这次评价是国家层面第一次也是最具权威的页岩气资源评价。

本次调查的页岩气 25.08×10^{12} m³ 的评价结果,只是对现阶段页岩气资源的认识。页岩气资源评价是一个不断变化的过程,受到三个方面的影响,分别是地质认识程度、工作程度和技术方法手段。随着这三方面的不断提高,页岩气资源评价的结果也将不断变化。发布本次结果后,今后还要深入做页岩气资源的评价,并继续发布结果。

美国对其本土页岩气可采资源量的估测数字也在调整,2011年,美国从 24×10^{12} m³ 调整到 13×10^{12} m³,调整幅度很大。2012年5月,中美战略与经济对话期间,经济方面的第一个议题就是页岩气,美国能源特使也没有解释清楚美国的页岩气资源量是如何从 24×10^{12} m³ 调到 13×10^{12} m³ 的。

美国能源情报署(EIA)估测的中国页岩气可采资源量为 36×10^{12} m³,比中国国土资源部的估测量高出约50%。对此,我们认为,这份数据是在2011年4月份发布的,美国还指出中国的页岩气储量占了全球的20%,但美国估测的数据只针对中国的三大盆地,即鄂尔多斯盆地、塔里木盆地、四川盆地,但中国还有很多盆地譬如渤海湾、松辽等盆地,美国在估测中并没有将其包含在内。

可以肯定的是,美国对中国页岩气可采资源估测的数据没有经过实地调查,是美国能源情报署委托一家小公司,根据他们自己掌握的资料,关门进行评估的。中国发布的数据则是来自全国27家石油企业、相关科研单位和高校,共420多人参加,经过大量的野外调查,在全国打了几十口井,并复查了2 200口老井,把全国所有的区域地质基础资料包括石油、煤炭等资料都运用上了,从2009年到2011年,历时几年完成,有着大量而充分的依据。

总体而言,国内估算的页岩气资源量数据是经过系统的评价得到的较权威的结果。我们不仅拿出自己总的评价结果，还对大区、层系、埋深、地表条件及省份等分布进行了评价，这在某种程度上是对美国此前发布数据的一个侧面回击。

二、 允许多种投资主体平等进入页岩气领域

自从页岩气被国务院批准成为中国第172种矿种后，引发了社会各界极大关注，之所以将其与常规油气并列，一个重要的考虑是从油气资源管理体制改革的角度。油气领域过去只有四大国有石油公司能参与进来，而仅仅依靠这四大公司，我国页岩气产业很难快速发展起来。页岩气本身是低品位、劣等资源，国有石油公司开发已有的常规油气资源，尚且存在一定困难，对页岩气这种开采难度大、成本高的资源，更是谨慎。但是现在国家的能源战略需要页岩气，不得不开采，所以，要尽可能的集中民间资本的力量。美国目前有几千家与页岩气相关的公司，参与页岩气开采的公司至少有150～180家，美国页岩气起步阶段，可以说基本都是凭借中小公司的力量。

如果不把页岩气单独区分出来，其他非油气企业就没有机会进入。页岩气作为独立矿种后，有了明确的法律地位，创造了一个机会，多种投资主体被允许平等进入页岩气领域。而且从客观地质条件来看，一些地区的页岩气资源更适合中小公司来开采。

目前，国土资源部正在按独立矿种进行页岩气资源管理。这意味着，已经消除了页岩资源探矿权仅掌握在中国几家大型国有油气企业手中的法律障碍。页岩气申报独立矿种的意义，关键就在于允许多种投资主体平等进入油气领域。

之所以会选择页岩气来允许多种投资主体平等进入，这是因为页岩气具有一定特殊性，这是一个基础。页岩气之所以能与常规油气区分开，首先是从地质角度将页岩气与常规天然气、煤层气进行了对比，发现它们有很多不同处。譬如，页岩气是游离和吸附状态同时存在，而煤层气只是吸附气，天然气是游离气。而且作为一个新矿种，页岩气明确了法律地位，正好有契机来做突破。

将页岩气作为独立矿种，从提出申报到国务院正式通过的过程中是有一定阻力

的,当然一个新鲜事物出来都需要有一个认识的过程,把利益的"蛋糕"切出了一块,在油气领域撕开了一个口子,有不同的想法也很正常。但是,国内众多的非油气公司,希望进入页岩气领域,他们正翘首以盼。

但总的来说,确立页岩气独立矿种的整体论证过程还是比较顺利的。在重庆彭水县打了一口井,这是中国第一口国家财政出资的页岩气资源调查井,凭借这口井的数据资料,进行技术论证,论证完后请专家讨论审查,报国务院。虽然过程中有阻力,但是,国务院还是很支持,最终还是站在全局的能源需求来考量。

三、 勘查投入门槛较低

作为我国探索油气资源管理制度创新的新尝试,页岩气第二轮招标引入了竞争模式,吸引多种投资主体进入页岩气领域。招标前,国土资源部曾进行了意向调查摸底,全国共有70多家单位参与。我们提出两个要求:一是注册资本金3亿元以上;二是要有石油天然气或气体勘查资质。若没有资质,可以和有资质的企事业单位合作参加招标。招标的区域都是重新设置的区块,即新的空白区,与原有的油气开采区域不重叠。

目前,页岩气开发设置的资金门槛是最基本的投入,我们要求应该达到提交预测储量的结果。可以说,页岩气勘查开发领域是高风险、高投入、高回报的行业。当然,门槛太高的话,成本收不回来,会亏损;太低的话,完成不了页岩气区块勘探基本的要求,这里面很难权衡。

按照独立矿种进行管理,页岩气领域将引进多种投资主体,这意味着除4家国有石油公司外,民营资本等各类企业将获得更多机会参与页岩气的勘探开采。大家都很迫切想要进入页岩气这个领域,民营企业均跃跃欲试。招标之后,中标人将向国土资源部承诺,投标时的承诺会在承诺书里体现,然后进行监管。目前招标出让制度有了,监管的制度还在研究中。

通常来说,招标和监管是相辅相成的,招标的制度体系建立起来,监管制度应同步推出最好。

四、尝试"监管到每口井"

页岩气的监管制度体系要早日建立,监管的内容不只是投入上的问题,还有对于环境的影响,比如对地下水的影响,勘探开发的全过程都要进行监管。现在页岩气有一套管理办法,对于管理制度,国土资源部已经起草了文件,很快将会发布。

我国常规油气属于"自律型"监管,其本身就很薄弱,即企业自己监管自己,实际上,这就成了一个"黑匣子",具体监管状况如何,并不清楚。泰国每年油气产量400多万吨,有1 000多人在监管。我国油气产量目前是2亿多吨,实际上只有不到100人在监管。

美国对页岩气的监管是定期检查和关键点检查相结合,其中有12个关键点,包括开钻、压裂、运输等。值得注意的是,美国页岩气的每口井都是由政府在监管。

"监管到每口井",如果要监管到这个程度,首先要建设队伍。美国得克萨斯州盛产页岩气,仅一个州的页岩气就有2 400人在监管,一年现场监管次数达到11万人次。我国监管的人力远远不够,首先要有监管人员,而且页岩气的监管非常专业,人才的能力建设也是个问题。不过,页岩气还处于发展初期,页岩气的井较少,"监管到每口井"这一目标还是可以努力实现的。

油气领域本身的监管是缺失的。我们应以页岩气为切入点,通过对页岩气的监管,把它的监管体系复制到常规油气的监管中。

第三节　页岩气破除垄断或改变我国能源格局

一、市场放开,必须监管到位

国土资源部(以下简称国土部)于2011年7月进行首轮页岩气探矿权竞争性出让,成功迈出了油气矿业权管理制度改革的第一步。2011年年底前,经国土部申报,国务院批准页岩气为新的独立矿种。页岩气成为独立矿种，为多种投资主体进入该领域创造了机会。按照我国现行法规和油气矿业权管理制度，只有中石油、中石化、中海油和延长石油四家企业，才能从事常规油气的勘探开发活动。赋予页岩气独立矿种地位，意味着油气勘探开发领域的长期垄断格局即将被打破。页岩气作为独立矿种，得到了油气和非油气企业，尤其是资金实力雄厚且准备进入这个领域的非油气企业的欢迎，这符合国家利益和企业利益。

页岩气是经地质作用形成的自然资源，在成藏和富集上并不规律，在地下储藏也是不规则的。由于规模效益有限，部分偏远区块的资源和处于开采边际的资源，更加适合中小企业开采。实际上在煤炭开采上，我们也遇到过类似状况，即小煤窑问题。小煤窑问题需要辩证地看待，我们不能抹杀其在中国当年经济发展时期所发挥的历史作用，特别是在保障能源供应和平抑煤价方面起到的作用。小煤窑在管理上的确存在安全隐患，但其对中国能源供应的贡献是巨大的且是不容忽略的。煤炭的成藏和分布在某些地区同样很不规律，例如贵州境内除六盘水煤矿之外，多数属于蜂窝式，大企业的大型机械无法进入矿区采掘。然而不开采就会造成资源的浪费，页岩气也是如此。

确立页岩气的独立矿种地位，实质上是为下一步的市场放开搭桥铺路，鼓励各类企业进入，充分利用地下资源。

在我国，页岩气矿业权管理制度改革创新非常重要，这不仅是页岩气本身的问题，也是关系整个国家油气资源管理体制和能源供应安全的问题。以页岩气矿业权管理制度改革为切入点，先行先试，不断探索，总结成功经验，进而促进整个能源管理体制实现创新，最终打破垄断，导向变革。

页岩气管理制度和机制等方面设计创新完善，不仅可促进页岩气自身的勘探开发，尽快落实储量，形成产能，而且对我国常规油气改革也将起到重要的先导示范作用。如果常规油气资源也能破除垄断，我国油气产量可能会在现有基础上有较大幅度的提高。多元投资主体进入页岩气勘探开发领域之后，必然会带来庞大的资金量。资料显示，目前五大电力集团，大型煤炭企业如神华、中煤等能源企业，以及新疆广汇等从事下游油气业务的大型民营企业，甚至部分房地产企业均有意进入页岩气领域。按照国土部的要求，具备一定资金实力和气体勘查资质即可进入页岩气领域。市场放开是好事，但政府部门的配套制度和措施要跟上。页岩气勘探开发具有高风险、高投入的特点，投资该领域需要承担各种风险。除此之外，页岩气勘探开发过程中还涉及水资源问题（压裂需要水），这就要征询水利部的意见；涉及环保问题，环保部对地下水监测有何要求；涉及土地问题，国土部如何审批；此外还涉及输气管线的问题和第三方准入问题。

如果制度设计不到位，非油气的企业一哄而上，碰到挫折退回来，再要重新投入，中间需要时间周期，中国页岩气发展就会因此滞后几年。由此可见，页岩气市场放开，需要进行顶层设计，需要多个部门通力合作。美国就是 7 个部委在监管页岩气勘探开发的相关事宜。

二、 技术不是制约页岩气勘探开发的关键问题

技术不是制约页岩气勘探开发的关键问题。多年来，中国在常规天然气和低渗透气藏勘探开发上已经积累了一定的经验，特别是致密砂岩油气开发方面已达到了国际先进水平。这些技术积累，为页岩气勘探开发奠定了良好的基础。目前，在中国至少有近百家拥有相关技术的外国公司等着市场放开。国内企业只要有资金、资质，与国外企业合作，利用国外的先进技术，很快就能取得突破。技术是有周期的，现在新的技术不断出现。就页岩气而言，不同盆地的页岩是不同的，即便是在同一盆地，页岩也是不同的。将外国技术引入中国，同样需要适应期，外国公司也有"水土不服"的。美国页岩气领域中小公司非常多，通常是一个小公司在某一个盆地，一干就是很长时间，对该盆地达到了如指掌的地步，从而才能获得比较好的产出效益。但这家公司的技术用于其他盆地很可能就要经历一个适应期了。

根据全国页岩气资源潜力评价和有利区优选的结果表明，中国页岩气资源的有利区 77% 都在国有石油企业已登记的油气区块内，可以说，他们具有很大的优势，应当成为我国页岩气勘探开发的主体，况且他们还具有常规油气勘探开发的多年经验积累，竞争优势显然很明显。然而，市场放开后，这些大型石油央企也面临着区块招标出让和技术服务的市场竞争压力。

三、 建立页岩气勘探开发大型示范工程

目前,中石油仅仅在长宁、威远、昭通和与荷兰壳牌合作的富顺-永川区块重点开展工作;中石化页岩气勘探刚起步;中海油只在安徽有一个区块,目前仅完成200 km的地震勘探,4 口浅井作业,按照1 km 地震10 万元,一口井打井费用不足100 万计算,总投入不过3 000 万元左右。国家和企业资金投入并不多。国土部也仅完成招标出让两个区域,社会众议的"页岩气热"还未达到理想程度。

从这个角度来看,中国页岩气勘探开发应建立一个大型示范工程。当年美国政府职能部门牵头在其国土东北部的宾夕法尼亚州和纽约州等周边地区发起并实施了针对页岩气研究与开发的东部工程。国家集中优势资源力量进行科研攻关,取得成果后向美国本土的48 个州辐射。我国既然处在起步阶段,也应该实施示范工程:在页岩气资源问题、技术问题、政策问题、水资源问题、环保问题、监管问题以及政策扶持等各方面进行先试先行,不断积累经验,带动国内其他地区的勘探开发。

举个例子来看,如果2020 年我国页岩气产量要达到$1 000 \times 10^8 \text{ m}^3$,区块面积至少需要十几万平方千米,而在这十几万平方千米的区块中必须打1.5 万口井才能保证上述产量。1.5 万口井的作业成本约为4 000 亿~ 6 000 亿元人民币,页岩气的产能可以维持20 ~ 30 年。

川渝黔鄂湘五省是我国页岩气资源最好的地区,地质条件与美国最为接近,为海相页岩,这些地区页岩气资源量占全国资源量的60%。上述五省加上云南和广西部分地区共$50 \times 10^4 \text{ km}^2$ 的区域内,中央政府进行统筹,地方政府、区块企业等联动起来,就能保证目标产量的大部分,其他地区也进行一定程度的落实,全国产量也就上去了。

四、 加快页岩气勘查开发攻关

对页岩气的开发攻关包括资源调查、技术研发、体制机制及市场开放等多方面的攻关,只有加快攻关,才能促进页岩气的快速发展。加快页岩气的发展,有利于缓解我国油气资源短缺的现象,提高天然气供应能力;有利于形成油气勘探开发新格局,改变

我国能源结构;有利于增加清洁能源供应,加快转变能源利用方式;有利于带动相关产业发展,培育新的经济增长点。

2011年11月,国务院正式批准页岩气为新发现矿种。页岩气成为新的独立矿种,由国土资源部实行一级管理,这就为多种投资主体平等进入页岩气勘查开发领域创造了机会,从而意味着页岩气探矿权、采矿权的出让将引入市场机制,采用竞争方式取得。这有利于解决我国油气资源领域的"玻璃门""玻璃窗"问题,即民营等多种资本对油气勘查开发只能看、进不去的问题,也有利于在油气资源领域形成良性竞争的局面。

第三章

规划与调控：
页岩气发展
规划与管理

第一节 《页岩气发展规划(2016—2020 年)》解读

2016 年 9 月 30 日,国家能源局对外发布《页岩气发展规划(2016—2020 年)》(以下简称《规划》)。《规划》的指导思想是,贯彻落实国家能源发展战略,创新体制机制,吸引社会各类资本,扩大页岩气投资。以中上扬子地区海相页岩气为重点,通过技术攻关、政策扶持和市场竞争,发展完善适合我国特点的页岩气安全、环保、经济开发技术和管理模式,大幅度提高页岩气产量,把页岩气打造成我国天然气供应的重要组成部分。

《规划》为指导性规划,期限为 2016 年至 2020 年,展望到 2030 年。

一、《规划》的重要意义

页岩气是一种清洁、高效的能源资源。当前,页岩气已在全球油气勘探领域异军突起,勘探开发页岩气已经成为世界主要页岩气资源大国和地区的共同选择。美国页岩气革命对国际天然气市场及世界能源格局产生重大影响,世界主要资源国都加大了页岩气勘探开发力度。"十二五"期间,我国页岩气勘探开发取得重大突破,成为北美洲之外第一个实现规模化商业开发的国家,为"十三五"产业化大发展奠定了坚实基础。习近平总书记在中央财经领导小组第六次会议上提出了推动能源供给革命、消费革命、技术革命和体制革命指示精神,要加快推进页岩气勘探开发,增加清洁能源供应,优化调整能源结构,满足经济社会较快发展、人民生活水平不断提高和绿色低碳环境建设的需求。《规划》的制定对于加快推进页岩气勘探开发,增加清洁能源供应,优化调整能源结构,满足经济社会较快发展、人民生活水平不断提高和绿色低碳环境建设的需求都有十分重要的意义。

《规划》站在历史的新高度,以全球的视角,从我国的实际出发,描绘了我国"十三五"期间页岩气发展的蓝图,明确了我国今后五年页岩气发展的规划背景、指导方针和目标、重点任务、保障措施、社会效益和环境评估,充分体现了深入贯彻落实科学发展观、构建稳定、经济、清洁、安全能源体系的理念;充分体现了解放思想、转变思路、创新机制的理念;充分体现了技术进步、克难攻关、对外合作的理念。

二、《规划》的主要特点

第一,具有战略性。《规划》是我国国民经济和社会发展规划体系中的重要的组成部分,是国家页岩气勘探开发和利用的综合性规划,是落实国家能源战略和重大部署的重要手段。因此,《规划》站在全局的高度,从资源国情和发展阶段出发,立足当前,着眼长远,充分体现了国家战略意图。

我国既是能源生产大国,又是能源消费大国。目前我国能源结构不尽合理。清洁的天然气能源在我国一次能源中的比重很低,为了降低碳排放、实现低碳发展,我国正在加快调整能源结构。"十三五"期间我国能源结构调整的目标是,非化石能源消费比重提高到15%以上,天然气消费比重力争达到10%,煤炭消费比重降低到58%以下。页岩气这种清洁高效的化石能源,是低碳经济的重要支柱。未来我国将重点发展清洁能源,大力勘探开发和利用页岩气,提高页岩气在一次能源消费中的比重,可以改善我国能源结构,减少大气污染,并在一定程度上缓解石油及其他能源供应的压力。从长远看,我国经济社会发展对能源资源的需求是强劲的,特别是对清洁能源的需求更是旺盛的,推进页岩气勘探开发,实现页岩气跨越式发展,提高气体能源供应能力,是关系我国全面建设小康社会进程中一个全局性、战略性的重大问题。

第二,具有可操作性。《规划》在起草和编制过程中,广泛征求了国家有关部门、石油企业、相关科研单位和大学以及有关专家的意见,借鉴了其他能源规划好的做法,对《规划》目标、任务和措施等进行了反复研究和细化,提高了《规划》的可操作性。

一是确定了量化的目标。《规划》给出了2020年发展目标,即完善成熟3 500 m以浅海相页岩气勘探开发技术,突破3 500 m以深海相页岩气、陆相和海陆过渡相页岩气勘探开发技术;在政策支持到位和市场开拓顺利情况下,2020年力争实现页岩气产量300亿立方米(300×10^8 m^3)。

规划还对2030年发展目标进行了展望:"十四五"及"十五五"期间,我国页岩气产业加快发展,海相、陆相及海陆过渡相页岩气开发均获得突破,新发现一批大型页岩气田,并实现规模有效开发,2030 年实现页岩气产量 800 亿~1 000 亿立方米[(800~1 000)×10^8 m^3]。

二是制定了相对全面的《规划》保障措施和实施机制。围绕《规划》的实施,拟订了加强资源调查评价、强化关键技术攻关、推动体制机制创新、加大政策扶持力度、建立滚动调整机制等 5 项保障措施。

三、《规划》的重点任务

规划明确了未来页岩气发展的四方面重点任务,具体如下。

一是大力推进科技攻关。立足我国国情,紧跟页岩气技术革命新趋势,攻克页岩气储层评价、水平井钻完井、增产改造、气藏工程等勘探开发瓶颈技术,加速现有工程技术的升级换代,有效支撑页岩气产业健康快速发展。

二是分层次布局勘探开发。根据工作基础和认识程度不同,对全国页岩气区块按重点建产、评价突破和潜力研究三个层次分别推进勘探开发。

三是加强国家级页岩气示范区建设。"十三五"期间,进一步加强长宁-威远、涪陵、昭通和延安四个国家级页岩气示范区建设,通过试验示范,完善和推广页岩气有效开发技术、高效管理模式和适用体制机制等。

四是完善基础设施及市场。根据页岩气产能建设和全国天然气管网建设及规划情况,支持页岩气接入管网或就近利用。鼓励各种投资主体进入页岩气销售市场,逐步形成页岩气开采企业、销售企业及城镇燃气经营企业等多种主体并存的市场格局。

四、《规划》的社会责任

页岩气开发对推动我国科技进步、带动经济发展、优化能源结构和保障能源安全具有重要意义。掌握页岩气勘探开发主体技术,可将其应用到其他非常规油气领域,推动油气行业整体理论创新、技术进步和产业发展。作为一项重大的清洁能源基础产业,页岩气开发将有效带动交通、钢铁、材料、装备、水泥、化工等相关产业发展,增加社会就业,吸引国内外投资,增加国家税收,促进地方经济和国民经济可持续发展。页岩气作为清洁能源,开发利用将节约和替代大量煤炭和石油资源,减少二氧化碳排放量,改善生态环境。

我国页岩气资源总体比较丰富,通过"十二五"的攻关和探索,南方海相页岩气资源基本落实,并实现规模开发;页岩气开发关键技术基本突破,工程装备初步实现国产化。规划披露,截至目前,全国累计探明页岩气地质储量 $5\,441\times10^8$ m^3,2015 年全国页岩气产量 45×10^8 m^3。

业内专家分析,"十三五"期间,我国将推动能源结构不断优化调整,天然气等清洁能源需求持续加大,为页岩气大规模开发提供了宝贵机遇。

但与此同时,我国页岩气产业发展仍处于起步阶段,不确定性因素和挑战较多。规划提出了页岩气产业发展面临的四大挑战:一是建产投资规模大;二是深层开发技术尚未掌握;三是勘探开发竞争不足;四是市场开拓难度较大。

规划指出,随着我国经济增速换挡,以及石油、煤炭等传统化石能源价格深度下跌,天然气竞争力下降,消费增速明显放缓。而国内天然气产量稳步增长,中俄等一系列天然气长期进口协议陆续签订,未来天然气供应能力大幅提高。按目前能源消费结构,"十三五"期间天然气供应总体上较为充足。页岩气比常规天然气开发成本高,市场开拓难度更大。

第二节　加强我国页岩气资源管理的思路与框架

加强页岩气资源管理、创新工作思路、提升管理水平,对于大力推动我国页岩气勘探开发、促进能源格局的改变、优化能源结构调整,不断向清洁能源经济模式转化、满足不断增长的清洁能源需求等,具有重要意义。

一、 我国页岩气资源管理现状与问题

我国页岩气资源管理工作刚刚开始。2009 年以来,国土资源部针对页岩气资源的特点,结合我国实际,开始对页岩气资源进行管理,明确了"调查先行、规划调控、竞争出让、商业跟进、加快突破"的工作思路;2010 年,在圈定的 33 个页岩气远景区的基础上,组织编制了页岩气矿业权设置方案;2011 年,探索油气资源管理制度创新,引入市场竞争机制,成功开展了页岩气矿业权出让招标工作,完成了我国油气矿业权首次市场化探索。

页岩气资源调查工作也处于起步阶段。2004 年起,国土资源部对页岩气资源进行调查研究。2009 年,启动"中国重点地区页岩气资源潜力及有利区优选"项目,重点在川渝黔鄂等地区开展页岩气资源战略调查,研究和划分了页岩气资源远景区。2010 年,开展川渝黔鄂页岩气资源调查先导区建设和苏浙皖及北方部分地区页岩气调查,初步摸清了我国部分有利区富有机质页岩分布,确定了主力层系,初步形成了页岩气资源潜力评价方法和有利区优选标准框架,优选出了一批页岩气远景区和有利区。2011 年,设置"全国页岩气资源潜力调查评价与区域优选项目",在全国全面展开页岩气资源调查评价工作。

2009 年,国土资源部设置 5 个页岩气探矿权,支持石油企业开展页岩气勘查开采试验。我国石油企业在各自矿权区内,积极进行勘查开采试验,优选有利区块,截至2010 年底,已经实施了 15 口页岩气直井压裂试气,9 口获页岩气气流,初步掌握了页岩气直井压裂技术,呈现出了良好的发展势头。

但是,页岩气资源管理工作也面临着一些问题:一是页岩气资源规划、战略和政策研究不够深入,缺乏相应的管理制度。二是页岩气矿业权管理工作刚刚开始,需要进一步创新和完善工作思路。三是页岩气储量尚无分级标准,适合页岩气特点的储量管理制度尚未建立。四是我国还没有页岩气资源调查和勘查开采技术标准、规范。五是页岩气资源调查投入少,工作程度低,资料信息缺少统一规范管理的技术平台。

二、 加强页岩气资源管理的必要性和意义

以哥本哈根气候变化大会为标志,发展低碳经济已成为国际社会的共识。天然气

作为一种清洁高效的化石能源,是向新能源过渡的桥梁,是低碳经济的重要支柱。未来十年,我国将提高天然气在一次能源消费结构中的比重,由现在的 4% 增至 10%～12%。为此,必须加大页岩气勘探开发力度,加强页岩气资源管理,保障页岩气资源勘查开发活动依法有序进行,促进页岩气勘查开发和保护与合理利用,实现页岩气产量快速提高、产业快速发展。

(一)有利于落实国家"十三五"规划和国家能源战略

国外页岩气开发的巨大成功正悄然引发一场全球"能源革命"。我国适应这一形势,国家能源战略已将页岩气摆到十分重要的位置,国民经济和社会发展"十三五"规划明确要求"有序开放开采权,积极开发天然气、煤层气、页岩气。改革能源体制,形成有效竞争的市场机制"。我国页岩气资源潜力巨大,如果管理和政策得当,页岩气将改变我国能源格局,极大增强国家能源保障能力。在我国构建稳定、经济、清洁、安全能源体系的进程中,国家油气资源管理部门围绕职能,主动作为,做好页岩气资源管理制度设计,加强油气资源管理,这是十分必要的。

(二)有利于页岩气资源管理制度的创新和建立

页岩气作为一种独立的新矿种,迫切需要探索建立资源管理体系,需要在实践中探索形成。在我国页岩气勘查开采的起步阶段,探索和建立页岩气资源管理制度和新机制,对于规范页岩气资源管理,促进页岩气勘查开采,具有现实意义。以加强页岩气资源管理为切入点,建立起相应的页岩气管理体制、机制和政策制度体系,是深化油气资源管理体制改革的重要机遇。探索建立开放竞争的页岩气资源勘查开采管理体制,对于推进我国油气资源管理体制改革,形成市场竞争、科学合理、有序有力的油气资源勘查开采市场化格局具有重要意义。

(三)有利于促进页岩气勘查开采和优化能源结构

为了降低碳排放、实现低碳发展,努力实现在哥本哈根大会上曾向世界做出的承诺,我国正在加快调整能源结构。"十三五"期间,我国煤炭消费比重将下降到 58% 左右。2015 年,煤炭国内生产能力 38 亿吨,净进口 2 亿吨;石油国内生产能力 2 亿吨,净进口 3.3 亿吨;天然气国内生产能力 $1\,700\times10^8\ m^3$,净进口 $900\times10^8\ m^3$。加强页岩气资源管理,规范和促进页岩气勘查开采,对改变我国长期以来以煤为主的能源格局,优化能源结构,提高能源保障能力具有十分重要的意义。

三、 明确页岩气资源管理的思路和任务

(一) 基本思路和原则

深入贯彻落实科学发展观,围绕全面建设小康社会的宏伟目标,适应国内外页岩气发展形势变化,尊重市场经济规律和油气地质工作规律,强化页岩气资源调查、规划、管理、保护与合理利用,以页岩气矿业权管理为核心,以创新页岩气资源管理机制为主线,立足职能、改革创新、统筹谋划、全面推进,不断提高页岩气资源管理水平,促进页岩气勘查开采,为经济社会可持续发展提供能源资源保障。

为此,应当坚持以下几项工作原则:坚持统一管理,强化页岩气勘查开采规划的宏观调控和政策引导;坚持改革创新,探索和建立适合社会主义市场经济要求的页岩气资源管理体制和机制;坚持依法行政,在页岩气资源管理的实践中推进管理理念、管理职能和管理方式转变;坚持统筹兼顾,充分发挥各方面参与页岩气勘查开发的积极性。

(二) 目标和任务

页岩气资源管理工作总的目标是,实现和维护国家对页岩气资源的所有权,保障页岩气资源勘查开采活动依法有序进行,促进页岩气勘查开采和保护与合理利用,建立具有中国特色的页岩气资源管理新体制和新机制,为加强油气资源管理提供借鉴,进而全面提升我国油气资源管理水平,提高油气资源对经济社会发展的保障能力。

页岩气资源管理工作的主要任务是,着力制度创新,建立既参照又区别于天然气的页岩气资源管理新机制。一是加强页岩气资源规划和政策管理,建立与宏观调控衔接、与需求管理联动的页岩气资源勘查开采总量调控机制。二是加强页岩气矿业权管

理,建立与国际惯例接轨、适合中国国情的页岩气矿业权管理制度和新机制。三是加强页岩气资源储量管理,建立与常规油气资源储量管理既相衔接又具自身特点的工作机制。四是加强页岩气资源监督管理,建立规范统一的、有效监督与制衡的现代监管机制。五是加强页岩气资源战略调查管理,建立符合市场经济要求的页岩气资源调查工作机制。六是加强页岩气资源信息资料管理,建立健全页岩气资源信息资料管理和公共服务工作新机制。

四、 页岩气资源管理的主要内容和重点

(一) 页岩气资源规划与政策管理

(1) 开展页岩气发展战略与政策研究。研究制定页岩气资源发展战略,制定发展战略目标,提出战略重点及保障措施,指导和促进我国页岩气勘查开发,为制定国家能源战略、规划和政策以及资源管理提供依据。研究和制定包括矿产资源税费、土地使用、地质环境、节约与综合利用等政策。

(2) 编制页岩气勘查开采规划。根据页岩气资源发展战略,结合页岩气勘查开发的实际,研究制定页岩气勘查开发中长期发展规划,促进并引导页岩气开发利用和产业发展。在指导思想、基本原则和规划目标、规划布局、主要任务及保障措施等方面作出规划部署。

(3) 建立页岩气资源管理制度体系和标准体系。建立适应市场经济、有利于页岩气勘查开发的管理制度体系。制定页岩气矿业权管理、储量管理、勘查开采监督管理、调查评价管理、信息资料管理等管理制度,建立相关技术标准和规范。陆续制定出台出让招标制度、合同管理制度、区块退出制度、储量动态管理等制度。

(4) 开展国内外形势分析和跟踪。跟踪分析国内外页岩气发展情况,及时掌握新动态、新发现、新信息,研究把握新形势和新趋势。开展国内外形势分析,为研究制定页岩气资源发展战略、中长期规划及有关政策提供依据,为深化改革、调整和完善页岩气资源管理体制提供支撑和信息服务。

（二）页岩气矿业权管理

（1）独立矿种、一级发证。按规定程序申报页岩气新矿种，确立页岩气作为独立矿种的法律地位，对页岩气按独立矿种进行矿业权管理。国土资源部对页岩气实行"一权两证"管理，即矿业权一级登记，分别颁发勘查许可证、采矿许可证。省级国土资源主管部门在国土资源部的具体指导下，对页岩气勘查开发进行监管。

（2）市场准入、竞争出让。制定页岩气勘查开发市场准入标准，鼓励多种投资主体进入页岩气勘查开发领域。凡资金实力雄厚、具有气体勘查资质的企业可独立进入；资金实力雄厚，但尚无气体勘查资质的企业可与具有资质的企业组成联合体进入，参与页岩气矿业权竞标。页岩气矿业权一律实行竞争性出让。利用页岩气资源潜力调查评价及有利区优选工作成果，在油气矿业权空白区划定招标区块，通过招标，向符合市场准入条件的企业出让页岩气矿业权。

（3）合同管理、依规退出。通过竞争取得页岩气矿业权的企业，与国土资源部签订行政出让合同，规定双方的权利和义务，按中标人竞标承诺约定勘查投入和实物工作量。完善区块退出机制，对竞争性出让的页岩气区块，未完成合同约定工作量、未提交预期成果的，按未完成比例退出区块面积；取得探矿权后6个月内未投入实物工作量的，按现有法律法规执行。对现有油气探矿权区块内的页岩气有利区，进行油气勘查投入年审，未达到法定最低勘查投入的，按规定退出区块面积，由国土资源部重新设定页岩气矿业权，进行招标出让。

（三）页岩气资源储量管理

（1）储量分级标准。根据页岩气资源特点，参照《石油天然气资源/储量分类》（GB/T 19492—2004）、《煤层气资源/储量规范》（DZ/T 0216—2010）等相关标准，在制定《页岩气资源/储量规范》行业标准基础上，建立储量分级标准。基本分级标准包括预测储量、控制储量、探明储量。

（2）储量评审备案。依据《矿产资源储量评审备案办法》有关规定，根据页岩气资源地质特性和勘查开采工作特点，研究制定《页岩气探明储量报告评审备案工作的有关要求》，组织开展页岩气储量评审备案工作。

（3）储量动态管理。建立页岩气储量动态监管制度，对所有页岩气勘查开采区块储量进行动态管理，实时掌握页岩气储量、产量和采收率变化情况，以此作为考核页岩气矿业权人保护和合理利用资源的重要依据。

（四）页岩气资源监督管理

（1）建立页岩气资源勘查开发监督管理体系。研究制定页岩气资源勘查开发监督管理办法，明确监管机构及其监督管理职责，规范监督管理程序，对页岩气资源勘探开发、合理利用、矿业权人权益保护等业务实行专业性监管。

（2）建立页岩气资源勘查开发监管机构和督察员队伍。按照页岩气资源"一级管理、两级监督"的原则，设立国土资源部页岩气资源勘查开发监督管理办公室，对督察员实行统一领导和管理，对所有页岩气登记和招标区块实施例行监督。依托省级国土资源部门和相关单位，配备相应的监管力量，对所有页岩气矿业权实施监督。

（3）加强对页岩气资源勘查开发全程监管。依照相关法律法规、页岩气矿业权出让合同和招标文件等规定，实施动态监管，重点对出让合同和招标文件的承诺以及勘探开发实施方案执行情况、登记区块的勘查进度和成果、开采页岩气田的采出速度和采出程度、地质环境影响、开采秩序和勘查开采违法行为等进行监管。完善年检制度，建立半年、季度检查报告等制度，采取现场监管与动态巡查相结合，运用现代化技术手段，形成综合监管平台。

（五）战略调查管理

（1）战略调查部署。组织实施"全国油气资源潜力调查评价及有利区优选"项目，将全国划分为上扬子及滇黔桂、中下扬子、华北及东北，西北、青藏 5 个工作区，分区分层次开展全国页岩气资源潜力调查评价和有利区优选工作。在各工作区内选择不同类型页岩气的典型地区，开展页岩气资源调查先导区建设，获取页岩气资源潜力调查评价系统参数，初步评价页岩气资源潜力，掌握页岩气基本分布，优选出一批页岩气远景区和有利目标区。

（2）建立工作机制和管理制度。创新和完善页岩气资源战略调查工作机制，统筹协调、分工负责、组织实施。集中国内优势力量，产学研紧密结合，开展跨部门、跨区块协同与配合,形成页岩气资源战略调查工作体系。页岩气资源战略调查项目承担单位在全国范围内公开择优确定。制定和完善页岩气资源战略调查管理制度。研究制定项目管理、经费管理等管理制度,规范页岩气资源战略调查项目的有序运行。

（3）制定调查评价规范标准。研究制定页岩气野外地质调查、地震、非震、钻井、测井、分析测试、预算定额标准、安全环保措施等技术规范,形成全国性页岩气勘查开发技术规范体系。

(六) 页岩气资源信息资料管理

（1）资料提交。页岩气勘查开发形成的各类地质资料,包括在地质工作中形成的原始地质资料、成果资料和相关实物资料,提交给国土资源部,作为页岩气矿业权管理备案资料。提交原始地质资料和成果资料包括:野外地质、地球物理、地球化学、遥感地质、实验测试、工程地质、信息技术等专业资料。每年的第一季度提交上一年度的资料。

（2）数据资料统一规范管理。严格规范页岩气数据资料统一管理,将页岩气数据资料的提交与页岩气矿业权管理挂钩。建立页岩气数据资料采集、加工、处理、储存机制,推进页岩气数据资料的数字化,建立健全页岩气数据资料管理和服务工作新机制,搭建一体化的页岩气数据资料管理与共享服务平台。

（3）数据库建设。建立涵盖国内外页岩气资源信息、我国页岩气资源调查和勘查开采为主要内容的国家级页岩气数据库。实现页岩气矿业权管理流程的综合集成和数据共享。建设国家页岩气资源公共信息网,搭建集动态信息、公共信息、矿权管理、原始数据管理于一体的页岩气信息管理、发布与共享服务平台。

第三节 《页岩气资源/储量计算与评价技术规范》解读

2014 年 4 月 17 日,国土资源部以公告形式,批准发布了由全国国土资源标准化技术委员会审查通过的《页岩气资源/储量计算与评价规范(DZ/0254—2014)》(以下简称《规范》),并从 2014 年 6 月 1 日起实施。这是我国第一份页岩气行业标准,是规范和指导我国页岩气勘探开发的重要技术规范,也是加快和推进我国页岩气勘探开发步伐的一项重大举措。《规范》的发布实施是我国非常规油气领域的一件大事,必将对我国页岩气资源储量管理和页岩气勘探开发产生重要影响。

一、《规范》的重要意义

2011 年 12 月,国务院批准页岩气为新发现矿种,确立了页岩气作为我国第 172 个矿种的法律地位。国土资源部将页岩气按独立矿种进行管理,对页岩气探矿权实行招标出让,有序引入多种投资主体,通过竞争取得探矿权,实行勘查投入承诺制和区块退出机制,以全新的管理模式,促进页岩气勘探开发,促使页岩气勘探开发企业加大勘查投入,尽快落实储量,形成规模产量,以推动我国页岩气产业健康快速发展。

继 2012 年 3 月,国家发展和改革委员会、国土资源部、财政部、国家能源局共同发布《页岩气发展规划(2011—2015 年)》之后,国家有关部门又相继出台了加强页岩气资源勘查开采和监督管理、页岩气开发利用补贴、页岩气开发利用减免税、页岩气产业政策,以及与页岩气相关的天然气基础设施建设与运营管理、油气管网设施公平开放监督管理、建立保障天然气稳定供应长效机制等一系列政策规定,为中国页岩气勘探开发创造了宽松的政策环境。与此同时,其他有关页岩气环保、用水、科技和对外合作等政策措施也正在加紧制定中。

目前,我国页岩气勘探开发已经进入了实质性发展阶段,重庆涪陵、四川长宁等地区开始转入页岩气商业性开发(图 3 - 1~图 3 - 5)。截至 2013 年底,全国共设置页岩气探矿权区 52 个,面积在 16.4 × 10^4 km²。中石油、中石化、中海油、延长石油等石油企业在四川、重庆、贵州、云南、陕西、安徽、河南、山东、湖南、湖北、辽宁、黑龙江等 10 多个省(直辖市)的各自常规油气区块中展开了页岩油气勘探工作。国土资源部于 2011 年和 2012 年先后举行了两轮页岩气探矿权出让招标,中标的 19 个企业在 21 个区块上按勘探程序稳步推进页岩气勘探工作,总体进展良好。目前,已经实现规模勘探和正在部署或实施勘探的企业,开始为提交页岩气储量做准备。中石化在重庆涪陵焦石坝、中石油在四川长宁地区已率先形成产能,并将形成大规模的开发,具备了提交页岩气储量的条件。页岩气储量作为产量的基础,在我国页岩气勘探开发进行到现在的阶段,如何评价计算已成为当务之急。为了促进页岩气科学合理的勘探开发,做好页岩气储量估算和评审工作,规范不同勘探开发阶段页岩气资源/储量评价、勘探程度和认识程度等标准,为页岩气产能建设提供扎实的储量基础,出台和发布《规范》就显得十分必要。

图3-1 重庆涪陵焦石坝页岩气区块产能建设部署

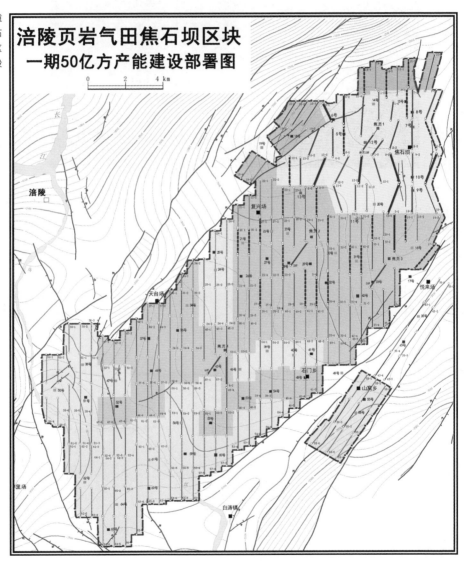

图 3-2　重庆涪陵焦石坝页岩气区块焦页 1HF 井放喷求产现场照片

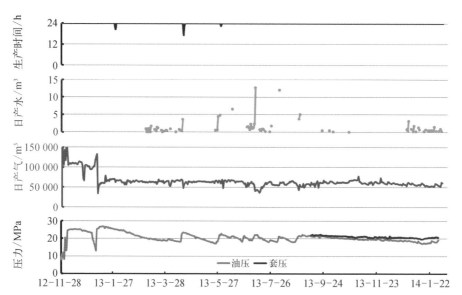

图 3-3　焦页 1HF 井试采曲线

注：焦页 1HF 井于 2013 年 1 月 9 日试采，截至 2014 年 2 月 25 日，套压为 20.05 MPa，油压为 19 MPa，日产气（6.0～6.7）× 10^4 m³。试气以来累计产气量超过 3 000×10^4 m³。

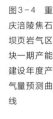

图3-4 重庆涪陵焦石坝页岩气区块一期产能建设年度产气量预测曲线

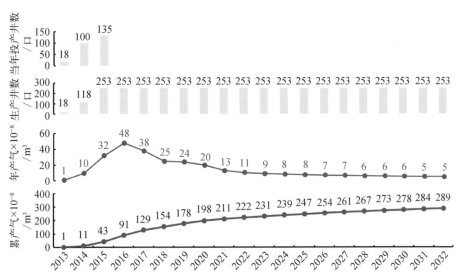

图3-5 重庆涪陵焦石坝页岩气区块已完成试气井无阻流量汇总图

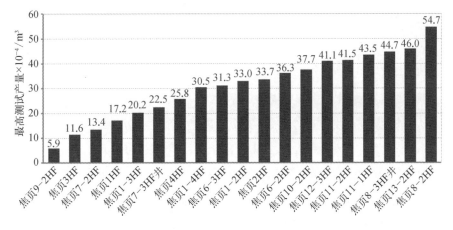

注：已完成压裂井获得页岩气无阻流量(10～156)×10⁴ m³/d(不含焦页9-2HF井)，平均单井无阻流量为56×10⁴ m³/d。

《规范》借鉴国外成功经验，根据我国页岩气的成藏特点和页岩气勘探开发实践成果，尊重地质工作规律和市场经济规律，参考相关技术标准规范，实现了与不同矿种间规范标准的衔接。同时，鼓励采用科学适用的勘查技术手段，注重勘查程度和经济性评价，适应了我国页岩气勘探开发投资体制改革，比较切合我国页岩气勘探开发的实际,体现了页岩气作为独立矿种和市场经济的要求。必将对按照油气勘探规律和程序作业,提高勘探投资效益,避免和减少页岩气勘探资金的浪费,促进页岩气勘探开发进程等起到重要的指导和推动作用。

《规范》是页岩气储量计算、资源量预测和国家登记统计、管理的统一标准和依据,有利于国家对页岩气资源的统一管理、统一定量评价,更准确地掌握页岩气资源家底,制定合理的页岩气资源管理政策,促进页岩气资源的合理开发和利用。《规范》也是企业投资、产能建设、开发生产以及矿业权流转中资源/储量评价的依据,有利于企业自主行使决策权,确定勘探手段、进度安排以及进一步勘探的部署,以减少勘探开发投资风险,提高投资效益。还有利于企业按照统一的标准估算页岩气储量,并向国家提交页岩气储量数据,进而确定开发投资和产能规模,为矿业权转让提供统一的尺度,从而有利于市场经济条件下的页岩气勘探开发投资体制运行和页岩气产业经济的发展。

二、《规范》的主要特点

(1) 体现了页岩气特点,与国内页岩气勘探实践结合紧密

我国页岩气地质特点和富集规律独特。富有机质页岩发育层系多、类型多、分布广。从下古生界至新生界 10 个层系中形成了数十个含气页岩层段。寒武系、奥陶系、志留系和泥盆系主要发育海相页岩,其中上扬子及滇黔桂区海相页岩分布面积大,厚度稳定,有机碳含量高,热演化程度高,页岩气显示广泛,目前已在川渝、滇黔北获得页岩气工业气流。石炭-二叠系主要发育海陆过渡相富有机质页岩,在鄂尔多斯盆地、南华北和滇黔桂地区最为发育,页岩单层厚度较小,但累计厚度大,有机质含量高,热演化程度较高,页岩气显示丰富。中新生界陆相富有机质页岩主要发育在鄂尔多斯、四川、松辽、塔里木、准噶尔等含油气盆地,分布广、厚度大,有机质含量高、热演化程度偏低,页岩油气显示层位多。根据大地构造格局和页岩气发育背景条件,将中国页岩气划分为南方(包括扬子板块和东南地块)、华北-东北及西北三大页岩气地质区。

我国对油气源岩的系统研究已经进行了几十年,对其分布规律的了解较为深入。国内近年来的页岩气资源调查评价和勘探实践成果,也基本确定了含气页岩层段的含

义，并对海相、海陆过渡相和陆相含气页岩层段进行了划分，但也存在着不同的认识。对此，《规范》对页岩层段的定义没有采取定量化处理，而是采用了定性处理。这样规定既符合我国页岩气的特点，也与我国目前正在进行的页岩气勘探开发生产实践相适应。

（2）参考石油天然气储量计算规范，实现不同矿种间规范标准协调

页岩气属烃类矿产，与天然气、煤层气等既有相似之处，也有自身的特点。《规范》在定义页岩气、页岩层段、脆性矿物等术语及内涵时，充分考虑并实现了与不同矿种间规范法规的协调。在页岩气资源/储量分类分级中，沿用了现行的常规油气的分类分级体系，类别分为勘探、评价、先导试验、产能建设等4个阶段，分阶段进行储量计算、复算、核算、结算和动态更新。页岩气地质储量级别分为探明、控制、预测，并规定了各级地质储量计算参数的划定原则、测定方法和取值要求。同时，规定了探明、控制、预测的探明技术可采储量的计算条件和方法，以及探明、控制的页岩气经济可采储量的计算条件。

《规范》与常规油气技术规范一样，重视基本井距和地震勘探测线距密度，规定了地震、钻井、测井勘探等工作量，按照《石油天然气储量计算规范》（DZ/T 0217—2005）中有关天然气的要求执行。这样规定有利于鼓励页岩气技术攻关和创新，从而推动页岩气勘探开发技术的发展。

（3）强调页岩气勘探开发经济评价，把页岩气的经济意义作为一个重要因素予以考虑

页岩气勘探投资的目的是为了获取有开采价值、有经济意义的页岩气储量。这就决定了页岩气勘探不仅要查清页岩气的有效储层、品位、赋存条件及开采条件，同时还要对其进行可行性经济评价，从而确定页岩气开发的经济意义。

鉴于目前我国页岩气勘探开发还处在试验和探索阶段，大规模开发才刚刚开始，加上开发条件复杂多样，开发技术还不够成熟，初期勘探开发成本较高的情况，考虑到页岩气勘探开发的自身特点，同时根据国外页岩气开发投产初期的6个月以上的单井递减迅速，6个月后递减变缓的特点，一般将试采6个月以上的单井平均产气量作为开发方案的配产依据经验，《规范》参照国内外产量数据预测，规定页岩气探明储量起算的下限标准，即单井日产试采6个月的单井平均产气量。

页岩气勘探开发经济评价是在页岩气勘探过程中进行的,每一个页岩气区块在其勘探过程中的不同勘探阶段都要做经济评价工作,只有获得预期经济效益,才有可能转入下一阶段的勘探工作。目前,我国页岩气开发有的经济效益较好,但有的还达不到常规油气的效益指标,内部收益率较低。因此《规范》允许企业对页岩气开发制定内部收益率指标,经济评价结果净现值大于或等于零,内部收益率达到企业规定收益率,即可进行经济可采储量的计算。这样规定,比较客观地反映了页岩气的本质特征。

(4)具有较强的操作性,便于页岩气储量估算和评审

《规范》在起草和编制过程中,广泛征求了国家有关部门、页岩气企业、相关科研单位和院校以及有关院士专家的意见,并在网上公开征求社会各界的意见。《规范》规定了页岩气资源/储量分类分级及定义、储量估算方法、储量评价技术要求,适用于页岩气估算、评价、资源勘查、开发设计及报告编写等,为企业勘探开发页岩气适用各种技术和估算储量、为储量评审机构评审页岩气资源储量报告提供了依据。

三、《规范》所涉及的重点问题

1. 明晰了页岩气及页岩层段的概念及其界定

《规范》对页岩气的定义是:"页岩气是指赋存于富含有机质的页岩层段中,以吸附气、游离气和溶解气状态储藏的天然气,主体是自生自储成藏的连续性气藏;属于非常规天然气,可通过体积压裂改造获得商业气流。"并对页岩层段也进行了定义:"页岩层段是指富含有机质的烃源岩层系,以页岩、泥岩和粉砂质泥岩为主,含少量砂岩、碳酸盐岩或硅质岩等夹层。夹层中的致密砂岩气或常规天然气,按照天然气储量计算规范进行估算,若达不到单独开采价值的,作为页岩气的共伴生矿产进行综合勘查开采。"以上定义包括以下几个方面含义。

(1)页岩层段是烃源岩层系的油气富集段。也就是说,页岩气为烃源岩层系内富集的天然气,富集层位明确。我国油气勘探开发史已有上百年,对烃源岩的研究也有几十年,对我国自元古界至新生界的烃源岩发育层位和分布地区十分了解。以烃源岩层系为目标,确定页岩气发育潜在地区是很有把握的。

（2）页岩层段主要由富含有机质的细粒岩石组成,包括泥岩、页岩、粉砂质泥页岩、粉砂岩、白云质泥岩等富含有机质岩石。页岩气在我国起步前,对烃源岩的研究主要侧重在有机地球化学研究方面,对其岩石学研究很少,将富含有机质的烃源岩一律归为泥页岩类,没有进一步深入研究。近几年页岩气的调查评价、勘探开发和研究逐步深入,对页岩层段岩石学和矿物学的研究也不断深入,并取得了许多新成果新认识,其中最为突出的是对页岩层段岩石学研究的新认识:① 富含有机质岩石除泥岩、页岩外,还有粉砂质泥岩、页岩、白云质泥页岩、白云岩,甚至部分粉砂岩,上述岩石的有机质含量都很高,均属于油气源岩;② 页岩层段为一套复杂岩性段,岩石组成一般超过6种,除富含有机质的泥岩、页岩、粉砂质泥岩、页岩、白云质泥页岩等富含有机质细粒岩石外,还有砂岩、碳酸盐岩等夹层,多种岩石组成复杂的岩性段;③ 页岩层段的矿物成分包括石英、长石、碳酸盐岩等脆性矿物,也包括伊利石、蒙脱石、高岭石等黏土矿物,还包括一定比例的有机质,其中脆性矿物含量一般大于30%;④ 页岩层段孔隙度一般介于1%~10%,孔隙度并不是很低,而渗透率则很低,不经压裂一般不会形成商业产能。

（3）定义也给出了页岩气与致密气的区别:① 页岩气中有一部分是以吸附状态存在于页岩层段中,而致密气不存在吸附状态赋存的天然气;② 页岩气储层(即页岩层段)的岩性复杂多样,主要由石英等脆性矿物、伊利石等黏土矿物及有机质为主组成,而致密气储层主要为砂岩和碳酸盐岩等,以石英、长石、岩屑、碳酸盐岩等脆性矿物为主组成,岩性相对单一;③ 组成页岩气储层的多数岩石都富含有机质,仅有砂岩、碳酸盐岩等夹层不含有机质,而构成致密气储层的砂岩、碳酸盐岩等则均不含有机质。

2. 将先导试验阶段划归为页岩气勘探开发的特有阶段

《规范》将页岩气勘探开发阶段划分为勘探阶段、评价阶段、先导试验阶段、产能建设和生产阶段。其中,将先导试验阶段划归为页岩气勘探开发所特有的阶段,是考虑页岩气勘探开发的具体特点而设置的。由于页岩层段的纵向和横向非均质性强,部分专家甚至认为页岩气具有"一井一藏"的特点,页岩气的勘探开发阶段很难分开,仅有几口评价井是难以全面认识开发区的页岩气产能特征的,需要进一步通过页岩气直井或水平井井组进行开发试验,进一步获取页岩气小规模开发的相关资料,为制定页岩气开发方案提供翔实的参数。

3. 明确了页岩气储量起算标准

《规范》规定了页岩气单井平均产气量下限由试采6个月的单井平均产气量资料求取。页岩气单井产量特征曲线与开采方式有关，美国典型单井产量特征曲线为第一年快速下降，降到产量峰值的25%～35%，之后产量下降速度明显放缓，长期低产。另一种生产曲线为控压生产，如我国的焦石坝页岩气区块、美国鹰滩的必和必拓页岩气区块等，产量一般控制在无阻流量的1/5～1/3，以保持储层压力，页岩气产量缓慢下降，稳产时间较长，成本回收时间也较长，研究认为，这种控压生产方式会提高页岩气采收率5%左右。从这点看，《规范》所规定的单井平均产气量下限为6个月为最短的试采时间，主要考虑的是我国页岩气开发刚刚起步，缺少连续试采时间较长的页岩气试采井。

《规范》明确了页岩气储量计算标准，试采6个月的单井平均日产气量下限为进行储量计算应达到的最低经济条件，根据埋深、开发特点分为5档：直井日产气量500 m^3、水平井5 000 m^3（埋深500 m以浅）；直井日产气量1 000 m^3、水平井1 × 10^4 m^3（埋深500～1 000 m）；直井日产气量3 000 m^3、水平井2 × 10^4 m^3（埋深1 000～2 000 m）；直井日产气量5 000 m^3、水平井4 × 10^4 m^3（埋深2 000～3 000 m）；直井日产气量1 × 10^4 m^3、水平井6 × 10^4 m^3（埋深3 000 m以深）。

4. 按照技术可采储量的大小，将页岩气田规模划分为5种类型

《规范》将页岩气田规模，按照技术可采储量的大小划分为5种类型（表3-1）。

页岩气田规模	技术可采储量× $10^{-8}/m^3$
特大型	≥2 500
大　型	250～2 500
中　型	25～250
小　型	2.5～25
特小型	<2.5

表3-1　页岩气田规模划分

《规范》虽已公布实施，但需要特别强调的是，由于页岩气勘探开发属于地质科学范畴，是一个探索性强、理论和实践紧密结合的科学技术性工作，页岩气地质条件的千变万化，必然导致页岩气勘探开发的多解性、复杂性和艰巨性。在全国范围内每一个

页岩气区块都有各自的特点。因此,《规范》只能在现阶段对页岩气地质理论和认识的基础上,作出原则性的规定,对页岩气勘探开发的控制程度和研究程度也只能作出最低限度的要求。在实践工作中,我们一定要按照客观地质规律、因地制宜、实事求是地执行《规范》,以保证我国的页岩气勘探开发工作更加科学化、系统化。

第四节   创新体制机制,促进页岩气产业快速发展

我国页岩气勘查开发虽然刚刚起步,但经过几年的探索和实践,已经取得了长足的进步。我国页岩气开发和产业发展面临着前所未有的机遇和挑战。影响我国页岩气产业发展的因素很多,主要包括资源、技术、资金、环境和水等,但最主要的还是体制机制问题。加快我国页岩气产业发展,必须创新体制机制,实行新的、市场化的页岩气勘查开发新体制。

一、 影响我国页岩气产业发展的体制机制障碍

（1）缺乏统筹协调和有效组织

页岩气从勘查开发到利用,再到规模化形成产业,涉及方方面面。政府层面上,我国至少有9个以上部委关联页岩气的产业发展问题,包括国家发展改革委、国土资源部、财政部、国家能源局、环保部、科技部、水利部、商务部和海关总署等,还涉及道路交通、电力和国资委等部门。此外,还有中国工程院、中国科学院以及相关部委的研究机构和石油、地质大学等,这些部门和单位对页岩气产业发展非常积极,都从各自的职能和角度出发,研究制定相关政策、规范标准,开展示范区(示范工程)和重点实验室建设等,对我国页岩气产业发展提出了许多建议和措施。但目前还都是各自为战,缺少有效的统筹协调和统一对重大问题的认识,尚未形成全国性的页岩气产业发展思路、工作原则、发展目标以及具体的工作方案等,这很不利于我国页岩气产业健康有序、跨越式发展。

（2）现行的管理模式制约页岩气的投入

在我国申请油气探矿权和采矿权，必须是国务院批准的 4 家石油企业，以申请在先的方式获得，经国土资源部审批登记后方可取得。目前，我国已登记油气矿业权面积约为 $430 \times 10^4 \ km^2$，其中陆域约为 $280 \times 10^4 \ km^2$。这些油气矿业权大部分由中石油、中石化、中海油三大石油公司和陕西延长石油获得，中联煤层气、河南煤层气公司拥有少量煤层气矿业权。由于页岩气约 80% 的富集资源分布在现有的油气区块内，掌握油气区块的石油企业注重效益，尽管也在投入页岩气，但更倾向于投入已经熟悉和发展了几十年的常规油气。相比之下，页岩气作为新类型的资源，尚存在认识程度低、风险大、开发成本高等因素，从而导致对页岩气的投入力度不大。2008 年以来，我国石油企业在 5 年多的时间里，对国内页岩气的投入累计约 100 亿元人民币，而三大石油公司每年常规油气勘探投入约 800 亿元人民币。据统计，2010 年以来，三大石油公司已在国外页岩气领域投入约 152 亿美元。

（3）市场开放程度低

一是页岩气矿业权配置存在障碍。页岩气作为一个新矿种，国土资源部组织了页岩气探矿权出让招标，这是我国油气矿业权市场化改革迈出的重要一步。但为避免与现有的常规油气区块重叠，拿出的招标区块避开了资源富集区，这对第一次涉足油气行业的中标企业是巨大的考验。如果按照现在这种方式继续招标，我国大部分富集的页岩气区块将无法投入勘查开发。此外，页岩气矿业权还没有向外资企业全面开放。二是天然气管网没有开放。我国已拥有天然气管网近 $5 \times 10^4 \ km$，但天然气骨干管网的建设和运营基本上是由三大国有石油公司掌握，油气生产商和管网运营商为一体，对第三方不开放。这种模式有利于将集中开采的天然气输送到消费地，但不利于页岩气、煤层气等资源的开发、输送。

（4）地方政府作用难以发挥

我国对油气实行的是国家一级登记管理，油气管理权限高度集中在中央一级，地方政府没有管理权，只有形式上的监督责任，再加上国有石油企业将税收上缴其所在的发达地区或中央政府，影响了地方政府的积极性，有的地方甚至对油气勘查开发持消极或不支持的态度。页岩气矿业权市场放开后，虽激发了地方政府发展页岩气产业和参与页岩气管理的愿望，但由于体制和制度障碍，又使地方政府无所作为，仅承担用地、用水、环保和维护社会稳定的义务。

二、 探索和创新促进页岩气产业发展的新体制机制

结合我国实际,借鉴国外经验,推进页岩气勘查开发和产业发展,应当突破传统的油气管理体制和开发模式,对新矿种实行新体制,按照"统筹协调、创新管理、开放市场、多元投入"的思路,进行制度整体设计,大胆创新体制机制,充分调动各方面的积极性,加快我国页岩气产业发展,提高页岩气对我国能源供应的保障能力。同时,以页岩气为切入点,为推进煤层气、油页岩、油砂、天然气水合物等非常规油气资源勘探开发探索一条新路,进而也为我国油气管理体制改革积累经验。

(1)加强统筹和组织协调

建议国务院成立页岩气产业发展工作小组,国务院领导任组长,副秘书长任副组长,国土资源部、国家发展改革委、财政部、科技部、环保部、国家能源局、水利部、商务部和海关总署等部门和页岩气富集省区以及从事页岩气开发的大型国有公司等参加,加强对页岩气开发的组织领导,统筹协调我国页岩气产业发展的重大问题。注重宏观决策,进行顶层设计,研究制定国家页岩气产业发展综合性工作方案,明确我国页岩气产业发展的指导思想、工作原则、目标任务和政策措施等。

(2)创新体制机制和管理方式

在坚持页岩气勘查开发国家一级管理的同时,运用市场机制配置页岩气矿业权,所有页岩气矿业权都应通过公开招标出让,出价高者获得矿业权。由于页岩气已是新矿种,对页岩气与已登记常规油气区块重叠的区域,首先鼓励持有常规油气矿业权的石油企业限期投入,并按有关规定在原勘查许可证上增列页岩气矿种。在规定期限未按规定投入和提出增列页岩气矿种申请的,国家应比照与固体矿产重叠的办法处理,设置新的页岩气矿业权,各类企业通过平等竞争获得。

开展页岩气矿业权改革试点,适当下放页岩气矿业权登记管理权限,委托页岩气资源丰富且已完成页岩气资源调查评价的省区,在选择资源条件相对较好,且与常规油气矿业权不重叠的地区,对页岩气矿业权进行招标出让。

（3）进一步开放市场

由于页岩气分布面积广，埋藏深浅不一，加上我国地表地质条件差异较大，有的地表条件并不适合作业成本高的大企业进入，但很适合中小企业进行分散式开发。应放宽页岩气的市场准入条件，不宜设置过高的资质要求和门槛，允许和鼓励中小企业和民营资本参与页岩气勘查开发，向各种所有制企业开放，为资本市场的参与留出足够空间。同时，进一步解放思想，允许国外企业参与页岩气矿业权投标和勘查开发。开放天然气管网市场，建立独立的天然气管网运营公司，实行油气生产与管道运营分离制度，允许第三方无歧视准入，向所有用户开放。

（4）实施国家页岩气示范区

美国在20世纪70年代末和80年代初，成功组织实施的页岩气东部工程，对推动页岩气商业开发起到了巨大的促进作用。在我国，页岩气勘查开发无论是资源、技术还是管理等许多方面还没有成熟可借鉴的经验，建设国家页岩气示范区，先行先试，十分必要。在国土资源部已建设的"川渝黔鄂"页岩气资源战略调查先导试验区基础上，整合目前有关部委、企业和地方现有的页岩气示范区（工程）按照不同沉积类型，选择川渝黔鄂湘、陕北、辽南等页岩气重点有利区，建设一批不同类型的国家级页岩气勘查开发和综合利用示范区，在评价与开发技术、环境保护、管理体制、政策支持、利用模式和监管等方面进行综合试验，率先突破，形成规模储量和产能。制定科学合理的发展规划和试点工作方案，明确页岩气勘查开发利用一体化示范区定位、示范目标、发展重点和保障措施，加强组织领导和统筹协调，不断总结经验，为推进全国页岩气勘查开发和利用提供借鉴，经过几年的努力，将这批示范区建成我国页岩气重要的产能基地。

第五节　建立鼓励页岩气产业发展的政策体系

在创新促进页岩气产业发展新体制机制的同时，必须建立与之相配套的鼓励页岩气产业发展的政策体系，而页岩气产业政策的制定又必须符合我国国情和页岩气发展阶段的实际，树立基于证据制定政策的理念，系统研究，整体设计，建立和完善以鼓励、支持为主导的页岩气产业发展政策体系,促进我国页岩气产业的快速发展。

一、 设立国家页岩气勘查基金

借鉴美国页岩气东部工程的成功经验,加强页岩气上游勘查投入。由国家页岩气协调工作小组牵头,以国家财政投入为引导,整合各方面力量,共同出资设立国家页岩气勘查基金。初期国家财政投入基金规模为 20 亿元,吸收国有大型企业和社会资金投入,基金主要用于页岩气勘查,在全国选择若干个页岩气资源条件较好、具有开发前景的地区投入基金,通过实施地质、地球物理、地球化学勘探和少量钻井工程,对区内页岩气进行全面评价,若该区开发资源前景不好或达不到进一步勘查开发的条件,投资风险由基金承担;若认为具有良好的开发前景,有望成为页岩气产能建设基地,则将该地区划分出若干个页岩气区块,公开招标出让,出价高者得。出让所得收入再投入基金中,循环滚动使用。

二、 设立国家页岩气重大科技专项

美国政府早期对页岩气的支持主要是集中在对技术研发的资助,目的在于推动页岩气新技术的创新和应用。建议组织实施国家页岩气重大科技专项,围绕制约我国页岩气勘查开发的重大地质理论和关键技术问题,组织技术攻关。采用市场机制,打破国有石油企业包揽和主导国家科技专项的做法,为中小企业和社会有研发能力的企事业单位提供机会。

三、 出台并完善相关鼓励政策

(1)建立页岩气市场定价机制。实行页岩气市场化定价,由页岩气开发企业根据所在地的实际情况,实行自主销售、市场定价。

（2）继续实行对页岩气的补贴政策。现行页岩气补贴政策到 2015 年后,应继续实行下去,并适当提高补贴标准。

（3）减免页岩气矿业权使用费和矿产资源补偿费。对勘查开采页岩气的企业,按国家有关规定减免探矿权使用费、采矿权使用费和矿产资源补偿费。

（4）减免进口环节关税。借鉴煤层气的经验,对进口的页岩气勘探开发相关作业设备和技术,免征进口关税和进口环节增值税。

（5）开放页岩气基础设施建设投资。结合国家管网建设规划,鼓励地方自建管网,就近利用,开放页岩气管网及相关基础设施建设的投资,鼓励多种投资主体进入。

（6）保障页岩气勘查开采用地需求。勘查开采前期保障临时用地,后期鼓励复垦置换用地指标,探索集体建设用地租赁方式,降低用地成本,满足页岩气勘查开发用地需求。

（7）鼓励金融界进入页岩气领域。借鉴美国金融界对页岩气产业发展的运作经验和模式,为金融界进入页岩气领域创造条件。

第六节　　加强页岩气勘探开发的有效监管

美国政府根据页岩气资源赋存状况、地质特征、开发条件,从勘查到开发、从区块到井口、从钻井设计到施工作业,实施全程精细化监督管理,特别是对环境实施严格的监管,对违规者严厉处罚,保障了页岩气产业的有序发展,近十几年来没有引起因页岩气大规模开发带来重大环境和社会问题。我国在页岩气勘查开发起步阶段,高度重视并加快建立较为完善的监管制度十分必要,这是由页岩气勘查开发的特点以及我国油气监管的实际情况所决定的。

在我国,常规油气只有经过国务院批准的四家国有石油企业才能进行勘查开发,精细化管理基本上由企业自主进行,政府监管力量薄弱,基本上依靠石油企业自律。目前我国页岩气监管体系尚未建立,还处于空白阶段。然而一旦页岩气市场放开,投资主体将多元化,若仅仅依靠企业自律是不现实的,所以政府必须在开放准入的同时,创新监管制度,承担起监管的责任。

一、 对页岩气实行全面监管

页岩气勘查开发涉及地表地质调查、地震作业、钻井和压裂施工、压裂液和水处理、气体排放以及噪声大、道路压覆等问题,这些都关系到国家、地方、企业和社会公众的利益。因此,必须对页岩气勘查开发实行全过程的监管。

(1)对勘查开采全过程实行监管。页岩气勘查开发涉及地震施工、井场平整、设备运输和安装、钻井、下套管、水力压裂、用水、气体排放、废水废物处理、井场恢复等十多个关键节点,这些对周边环境、所在社区、安全生产等都会产生一定的影响,所以要对包括这些方面在内的全过程进行监管。对井场选择和平整、钻井施工等实行许可制度,明确相关的审查与批准程序,制定页岩气勘查开采技术规范和行业标准。同时要建立现场核查和定期巡查制度,制定详细的工作流程和规范。

(2)对环境实行严格监管。页岩气开发压裂施工用水量大,压裂液含有化学成分,压裂产生的废水需要处理,压裂液返排时气体随之排出,大量的设备、材料运输还会对道路压覆产生破坏,以上这些都会对当地社区、土地、水资源及空气质量等产生影响。因此,要明确页岩气勘查开采有关水资源利用、空气质量、废水处理、道路占用、植被恢复等环节技术要求和标准。目前可基本沿用常规油气的法规和行业标准,对页岩气带来的特殊环境问题,如化学品使用、空气保护、水处理等可根据实际情况做出新的规定。同时,要建立和健全页岩气环评和环保监理制度。

(3)对市场实行监管。对页岩气市场监管的重点是市场化定价、管道的公平准入、专业服务市场以及页岩气管网及相关基础设施建设的公平竞争。

二、 建立页岩气监管体系

页岩气作为一种新型的能源资源,其监管工作应纳入整个能源监管体系中,但目前我国尚没有国家统一的能源监管机构,监管职能分散,尚未形成统一的能源监管体系。特别是在油气监管体系尚不健全的情况下,以页岩气为切入点,探索建立务实高效的页岩气监管体系,对于加快页岩气产业发展,进而推动整个油气监管体系的建立都具有重要意义。

(1)建立页岩气监管制度。系统梳理与页岩气相关的法律法规和标准规范,并加以修改完善,明确适用范围。抓紧制定页岩气勘查开发、环境保护等技术规范和标准,研究制定页岩气勘查开发监督管理办法、页岩气环境监督管理办法,明确监管职责、规范监管程序,对页岩气资源勘查开发、合理利用、环境保护等实行专业性监管。

(2)建立页岩气监管机构。现阶段,按照"一级管理、多级监督"的原则,实行分专业、分层次监管。在国务院页岩气产业发展工作小组的统一协调指导下,页岩气勘查开采活动由现在的国土资源部门承担,页岩气环境监管由现在的环保部门承担,页岩气市场及输气等基础设施监管由现在的能源管理部门承担。实行中央与地方分层负责,以地方为主的页岩气监管体制,依托省级管理部门和相关单位,配备相应的监管力量。适当将部分监管职能延伸到市、县的相关管理部门。

(3)加强页岩气全程监管。依照相关法律法规、政策和页岩气合同(或承诺书)、招标文件、环评报告和审查批准的相关方案等,实施动态监管,重点对页岩气勘查开发实施方案执行情况、开采页岩气田的采出速度和采出程度、环境影响、开采秩序和勘查开采违法行为等进行监管。完善年检制度,建立半年、季度检查报告等制度,采取现场监管与动态巡查相结合,运用现代化技术手段,形成综合监管平台。

第七节 页岩气勘探开发中的环境保护问题

一、 页岩气开采对环境的影响

油气开采过程中或多或少都会因为噪声、废水、废气及开采事故灾害等而对环境造成污染。众多业内专家和环保人士针对页岩气的开采过程和工艺提出,页岩气的开采将会加重对环境的污染。美国2011年最热门的环境问题就是由于水力压裂法开采页岩气引发的,某些地区的页岩气井因环境问题已暂时关闭。法国和保加利亚政府已发布禁令,禁止水力压裂法在页岩气开采中的使用,相当于在目前技术条件下否定了页岩气开采。但迄今为止,尚没有权威政府部门给出页岩气开采污染环境的明确说法,使得有关争论越演越烈。根据现有资料和实例分析,页岩气开采可能存在四个环境问题:大量消耗水资源、污染地下水层、甲烷泄漏以及引发地震。

(1)大量消耗水资源。开采页岩气所用水力压裂法中的压裂液主要由高压水、砂和化学添加剂组成,水和砂含量在99%以上。开发页岩气用水量极大,每口页岩气井需耗费四五百万加仑①的水才能使页岩断裂。夏玉强博士研究过美国页岩气开发过程中的环境问题,他认为,页岩气钻探大量消耗地表水或地下水,很可能影响当地水生生物的生存以及捕鱼业、城市和工业用水等。页岩气开发行业正试图减少气井钻探以及水力压裂带来的环境足迹,如在每次压裂完成之后,30%~70%的水回流被获取再次利用,但也不能否认水力压裂法大量消耗了水资源。

(2)污染地下水层。有关石油公司将水力压裂使用的压裂液中的化学添加剂看作商业机密,而拒绝对公众披露,然而正是这些化学物质可能造成地下水层的污染。在水力压裂过程中,化学物质可能直接通过断裂、裂缝系统自地下深处缓慢向上运移至地表或浅层,也可能因页岩气采气管道质量问题或操作不当而破裂和造成空洞,化学物质也会泄漏到地下水层中,污染河流、湖泊、蓄水层等水资源。水力压裂过程完成之后,大部分压裂液回流到地面,其中不仅有压裂液中的化学物质,还有地壳中原本含有的放射性物质和大量盐类。这些有毒污水先储存在现场,然后再转移到污水处理厂或回收再利用,过程中可能渗入地下或随雨季到来外溢,进而污染地下水。

(3)甲烷泄漏。甲烷是一种比二氧化碳更强大的温室气体,甲烷逃逸到大气中会加剧全球变暖,若渗入地下蓄水层则会造成地下水污染。页岩气以甲烷为主要成分,页岩气井泄漏的甲烷比常规井要多。甲烷泄漏可能来自页岩气开发过程中的故意排气、设备泄漏或水力压裂过程。

---

① 1加仑(gal)≈3.78升(L)。

（4）引发地震。在美国阿肯色州、宾夕法尼亚州、俄亥俄州、俄克拉荷马州等地区的页岩气开发中广泛使用了水力压裂技术，而这些地区出现了一连串轻微地震，理论上表明水力压裂和地震之间具有关联性，但具体原因还未查明。专家表示，地震不一定是由水力压裂过程引起，而可能是由于水力压裂使用过的大量压裂液的处理，当打入地下深井会导致地层应力不稳定而发生微震。当然，水力压裂过程是否导致地震还存在争议，需要更多证据。

二、 我国页岩气开采面临的环境问题

页岩气资源在中国受到如此重视的原因在于国内页岩气资源量大，能源消费速度增长快，减排压力大，需要降低石油和煤炭资源的依赖度。在页岩气开发的美好前景前，我国页岩气开采面临的具体环境问题却被忽视了。我们不仅面临上述四种可能的环境问题，还有地理环境限制和环境立法不足等问题，这些都是页岩气开发中存在的环境隐患。

页岩气开发对当地自然条件有很强的依赖性。页岩气开采需要的井数很多，钻井和生产作业对地面影响较大。巴耐特页岩气田是目前世界上开发最成功的页岩气田，也是美国目前产量最大的页岩气田。国际能源署对其分析说明页岩气产量与钻井数量和压裂规模密切相关，页岩气藏需要的井数为常规气藏的 10 倍，井距较小。美国页岩分布地区地表条件优越、地势平坦，地广人稀，而我国优质页岩分布地区地形复杂，地势高差大，人口分布密集，如蜀南、鄂西、贵州、重庆等地区，页岩气埋藏深度较美国更深，保存条件也不够理想。所以，大规模钻井会对人口密集地区产生干扰，增加当地对基础设施的需求，也容易诱发山体滑坡等地质灾害。另一方面，页岩气开发能否成功的关键之一就是大量水资源，中国页岩气田的分布与缺水地区的分布重合比较多。在水量相对充裕的长江流域，只在四川和江汉盆地发现了页岩气，而在西北、华北地区，页岩气储量丰富，水资源却相当紧张。所以，在不干扰当地工农业正常用水的前提下，供水能力并不能保证满足页岩气井的钻探与水力压裂用水。

与美国页岩气的蓬勃发展相伴而来的是环境问题，美国已着手修改页岩气开采的环

境法律和政策。中国目前实施的水资源和环境保护法律以及正在制定的《石油天然气开采业污染防治技术政策(征求意见稿)》等,都没有考虑页岩气开采引起的环境问题。

三、 环境问题的应对解决方法

美国页岩气进行开采时,环保组织的反对声就不断。在国内,对环境的影响也是页岩气开发中需要解决的问题。不少人士认为,在勘探开发中,页岩气钻井数量多、耗水量大,同时会对地表环境造成破坏,对水体造成污染。

任何能源开发对环境都会产生影响。相比于页岩气,常规石油的影响更大。而页岩气的开发并没有带来新的环境问题。在用水方面,相对来说用水量大,平均一口井要用 $1.5 \times 10^4 \ m^3$ 左右的水,但压裂一次可以用 30 ~ 50 年,若按年平均量计算并不多。根据美国的经验,按一个盆地算,页岩气开发用水只占当地用水的 1.8%,比其他工业农业用水都少。

不少人士还担心地下水污染。中国的地下水一般在地下 300 m 左右,而页岩气在 1 500 m 以下,打井在 300 m 穿过地下水层时,把套管密封固定好就不会泄露。打煤层气、天然气、常规石油也要穿过地下水层。这是共性问题,不穿过水层,什么都上不来,对于页岩气开发,只要按操作规范进行,这些都不是问题。

气体对空气的污染是业界的又一担心。页岩气开采中,压裂之后要对压裂液进行返排,注入液体的 40% ~ 70% 再排回来,经过处理可以循环利用。返排时气体与水一同出井,这时会对环境造成影响。针对这一问题,美国现在已有绿色完井技术,可以实现气体的回收。回收设备的价格从 2.5 万美元至 80 万美元不等。经过一个阶段的返排,然后就能正常开采,气体对环境的影响就能降到最低。

四、 相关对策与建议

页岩气的商业化开采可缓解油气资源短缺,保障国家能源安全,满足经济发展需求,其脚步已无法阻挡。但页岩气开发是政府、公众和油气企业之间关于利益和环保的博弈。政府必须在能源发展和环保间找到平衡,有责任保护国家资源和公众健康,监管油气企业页岩气开发过程,严格执行环境保护规范,抵御规定外操作,提高群众参与度,尊重群众意见,以追求社会效益而不仅是经济效益为宗旨。

因此,我国在大力推进页岩气资源开发进程,寻求高效经济时,不能忽视页岩气开采可能带来的巨大环境问题,治理速度赶不上污染速度,事后补救成本远高于事前预防。在此建议我国政府要高度关注和重视页岩气开采潜在的环境污染评估,发展相应的环境保护技术和环境立法。同时,还要大力发展页岩气开采技术与研究,特别是水力压裂替代技术,依靠技术进步来从根本上避免环境污染。具体政策建议如下。

(1)编制我国页岩气资源战略调查和勘探开发中长期发展规划。在认真分析世界页岩气勘探开发的态势和我国现状的基础上,科学评价和分析我国页岩气资源潜力,进行页岩气探明储量趋势预测研究,对我国页岩气资源战略调查和勘探开发目标、重点和发展阶段作出科学规划,明确发展定位,编制页岩气资源战略调查和勘探开发中长期发展规划。

(2)高度重视潜在环境影响,建立加强页岩气开采环境影响评价管理。鉴于目前在科学上对页岩气开采的环境影响后果认知较少,在技术上预测和控制其潜在地质、生态、环境及安全影响缺乏手段,应严把环境影响评价关,加强对页岩气开发的环境影响评价管理。

(3)加强正在运行项目的环境监管,完善页岩气勘探开发项目的环境管理规定。目前我国在页岩气勘探开发项目选址、安全、监测等方面还缺乏相关法律法规,或现有法律法规缺乏相关规定,对页岩气勘探开发项目在审批、核准等方面缺乏针对性规定,对捕获、运输、封存等过程的环境影响与环境风险缺乏监管。

(4)加快制定页岩气技术标准和规范。加强政府引导,依托页岩气资源战略调查重大项目和勘探开发先导试验区的实施,加快页岩气资源战略调查和勘探开发技术标准和规范体系建设,促进信息资料共享和规范管理。同时,密切关注世界页岩气发展动向,建立和完善页岩气国际合作交流机制。加强与国外有实力的公司的合作开发,引进先进理念与开发技术,通过引进和消化页岩气开发技术,探索和创新适合我国页岩气开发的核心技术,为我国页岩气大规模开发奠定技术基础。

第八节　页岩气探矿权招标

一、 我国油气资源管理制度的创新尝试

2012 年 7 月 15 日上午,国土资源部在北京举行了页岩气探矿权出让招标中标签约仪式,中国石油化工股份有限公司和河南省煤层气开发利用有限公司中标,国土资源部分别与中标单位签订了《页岩气探矿权出让合同》,并颁发了页岩气勘查许可证。这标志着我国首次举行的页岩气探矿权出让招标试点工作圆满完成。

这次招标出让的页岩气探矿权区块共 4 个,主要位于重庆、贵州等省市,分别为渝黔南川页岩气勘查、渝黔湘秀山页岩气勘查、贵州绥阳页岩气勘查、贵州凤冈页岩气勘查,面积共约 $1.1 \times 10^4 \ km^2$。这次出让招标得到了受邀请投标企业的积极响应。中国石油天然气股份有限公司、中国石油化工股份有限公司、中海石油(中国)有限公司、延长油矿管理局、中联煤层气有限责任公司、河南省煤层气开发利用有限公司等符合资质条件的企业应邀参加了页岩气探矿权出让招标活动。6 月 27 日,国土资源部在北京举行了开标仪式,由于贵州绥阳页岩气勘查、贵州凤冈页岩气勘查两个区块,投标企业未达到法定的投标人数,视为流标,未予评标,待适时重新组织招标。

根据有关法律法规和招标文件的规定,国土资源部本着公平公正的原则,应用计算机摇号程序,从专家库中随机选择专家,组成评标专家组。评标专家组按招标文件规定的评标方法和标准,对进入评标环节的渝黔南川页岩气勘查、渝黔湘秀山页岩气勘查区块的投标文件进行评审和打分,最后按照综合得分高低排序。

中国石油化工股份有限公司中标的渝黔南川页岩气勘查区块,面积约 2 197.9 km^2,在三年勘查期内,该公司承诺勘查总投入 5.9 亿元,为法律法规规定勘查投入的 4 倍,实施参数井或预探井 11 口。河南省煤层气开发利用有限公司中标的渝黔湘秀山页岩气勘查区块,面积约 2 038.87 km^2,在三年勘查期内,该公司承诺勘查总投入 2.4 亿元,为法律法规规定勘查投入的 8 倍,实施参数井或预探井 10 口。国土资源部对中标区块和中标单位实行行政合同管理,同时加强页岩气勘探开发活动的

监管。

这次页岩气探矿权出让招标是我国油气资源领域的一个重要里程碑,是油气资源管理制度改革的一次创新尝试,这对于构建科学合理、公开公正、高效廉政的油气资源管理新机制,促进页岩气勘探开发,加快我国页岩气产业化、规模化发展,以及提高我国油气资源保障能力具有重要意义。

近年来,国土资源部采取多项措施,积极推进页岩气勘查开发。一方面,加强页岩气资源战略调查,对我国页岩气资源进行跟踪研究。在川渝黔等地区实施页岩气资源战略调查试点工作,并在全国划分了三大类共 33 个页岩气资源有利远景区。2010 年,在川渝黔鄂、苏浙皖和华北、东北、西北的部分地区,开展页岩气资源前期调查研究,基本了解了页岩气主要赋存层系及其页岩地质特征、分布和页岩气资源评价的基本参数。初步建立了页岩气资源评价方法、有利区优选标准和调查评价技术方法,并优选出一批页岩气资源有利区,供企业进一步商业勘探。另一方面,鼓励、支持企业探索页岩气勘探开发。2009 年,设置 5 个页岩气探矿权,支持石油企业开展勘查开发试验,鼓励石油企业在已登记的油气探矿权区块内,开展老井复查和勘探。中石油、中石化、中海油、延长石油、中联煤等企业都在积极行动。目前,已开展 15 口页岩气直井压裂试气,9 口见气,由此证明我国具有页岩气开发前景。

国土资源部在总结这次页岩气探矿权出让招标试点的基础上,按照"调查先行、规划调控、竞争出让、商业跟进、加快突破"的工作思路,为初步形成有效、合理、有序的页岩气勘探开发市场竞争格局,将继续加大页岩气资源管理改革力度。首先,尽快完成页岩气新矿种的论证,报送国务院批准,确立页岩气的矿产法律地位,为促进页岩气勘探开发领域投资主体多元化创造条件;二是完善页岩气探矿权出让招标制度,实行国土资源部一级登记发证,统筹协调页岩气勘探开发和产业布局;三是设定勘查资质准入条件,保障页岩气资源的高效利用,提高地质勘查工作质量;四是稳步放开,鼓励资金雄厚、具有勘查资质的企业,参加页岩气探矿权区块招标,从而促进页岩气产业快速发展;五是实行招标区块的合同管理,防止抢占资源"圈而不探";六是加大监督管理力度。明确页岩气勘探开发监管职责,规范监督管理程序和内容,切实维护国家利益和石油企业的合法权益。

二、 开发页岩气的四大难点

第二轮页岩气探矿权招标是我国第一次真正意义上开放油气矿业权市场,在这个全新的领域,尽管以前做了很多工作,但仍面临很多难点。当前页岩气开发面临四大难点,如果解决不好,此次参与投标或进入这个领域的企业,很可能在投资回报上达不到预期,这就需要国家有关部门尽快制定出符合我国页岩气发展的顶层设计,这也是我国页岩气产业发展的当务之急。

(1)体制问题。体制问题是目前最大的难点。当前虽然市场放开了,让多种投资主体进来了,但国家将页岩气作为独立矿种后,整个制度体系、顶层设计没有建立起来,最终很可能会挫伤参与企业的积极性。

页岩气开发过程中涉及水资源问题,需要水利部门的配合;涉及环保问题,涉及占用土地问题,需要环保部门、国土部门审批;涉及输气管线问题及三方准入等问题,则更需要多个部门通力合作。

现在只是国土资源部将页岩气矿业权市场放开还不够,还应将管道市场、工程服务市场、资金市场等都放开,如果政府部门的配套制度和措施跟不上,各部门不协调,最后就会面临干不下去的可能。一旦企业碰到挫折退缩回来,中国页岩气发展进程又将耽误几年。

(2)技术问题。我国页岩气发展当前已具备一定的技术基础,但核心关键技术——压裂技术与世界先进水平相比还有一定的差距。现在这些拟投标企业,除石油公司外,基本都没有压裂这一核心技术。这就要需要专业的公司帮助,相应的成本也会增加。页岩气勘探不难,难的是开发。虽然我国拥有致密油气的压裂技术,可以为页岩气的勘探开发奠定一定的基础,但由于我国页岩气的地质条件相当复杂,适合我国页岩气地质条件的开采技术尚处于摸索阶段,还需要加以研究和攻关,最终形成一个具有中国特色的技术体系。

(3)资源问题。此轮招标的20个区块工作程度较低,勘探风险较大。同时,与石油公司的现有区块相比,此轮招标区块的资源品质要差一些,大多处在盆地边缘,地质条件比较复杂,要找到"甜点",即页岩气富集区有一定的难度。我国的地质条件比较复杂,即使将国外技术引入中国,也需要一定的适应期,况且还会有水土不服的。因为就页岩气而言,不同盆地的页岩是不同的,即便是同一盆地,页岩也可能存在差异。

(4)资金问题。目前在我国打一口三千多米的水平井差不多要 1 亿元,而开发页岩气需要密集打井,投入资金相当巨大。且页岩气开发回收慢、周期长,开发初期需要强大的资金实力。现在企业有积极性,有资金,但真正要投入这么多,还需要金融支撑,需要引入风险投资,借助金融机构助推页岩气的开发。总之,勘探开发页岩气风险很大,资源、技术、政策、环境等都有很大的风险,此次招标可谓"开发有风险,投标需谨慎",选择区块很重要。

三、 竞标页岩气探矿权,见效最少三五年

2012 年,第二轮页岩气探矿权招标开始。总的来看,投资页岩气虽然前景广阔,但风险也相当大。即使投资顺利,至少也要 3 ~ 5 年才能获得收益。参与页岩气探矿权招标的企业,在经济和精神上都要具备相当的承受能力。

(一) 近百企业跃跃欲试

参加第二轮页岩气探矿权招标的企业数量远超此前意向调查的预期,有近百家参与进来,其中民营企业占三分之一,涉及石油、电力、煤炭、投资、房地产、机械设备制造等多个行业。不过,由于这次招标不收费,最终真正投标的企业不会有这么多,有的企业只是持观望态度,不投标的情况也可能存在。

第二轮页岩气探矿权招标与首轮招标的区别主要有三个方面。一是投标主体范围扩大了,第一次招标只有 6 家企业参与,包括几大国有石油公司和具有煤层气对外合作权的公司,并且带有一定程度的邀标性质;而此次招标包括民企、中方控股的合资企业等所有企业均可参与。二是区块范围不同,第一次只有两个省市的 4 个区块,此次是 8 个省市的 20 个区块。三是投资强度不同,第一次要求投入不低于 2 万元每平方千米年,此次是至少投入 3 万元每平方千米年;上次每 1 000 km^2 要求至少打 2 口井,此次是每 500 km^2 至少打 2 口井。

值得注意的是,尽管此轮招标涉及面很广,但仍有部分知名企业非常谨慎,没有参加。有两家上市的国内知名石油服务民营企业此次没有领取招标文件。主要原因在于,一是由于上市公司相关决策需要董事会讨论;二是他们认为这批区块资源品质不够好;三是考虑到资金、回报、成本、利润等问题,权衡利弊后决定不参与此次招标。

国有三大石油企业这次也很矛盾,因为这批区块资源品质没有他们手里的好,投标价低了拿不到,高了则会增加投入。此次中海油也会参与竞标,因其在陆上只有一个区块。另外,五大电力集团也想参与,这是因为将来如果采用页岩气发电,成本将会降低且更环保。

(二)宽进严出平等竞争

第二轮页岩招标现场竞争异常激烈,参与竞标的企业其中标的成功率主要取决于勘查方案设计是否合理。

评标时对工作量部署、投入强度等都有要求,招标价格是很重要的一个方面,但工程部署不合理也不行;工程部署合理了,价格却上不去这也不行。尽管此轮招标门槛并不高,但退出机制却相当严格。

中标的企业要严格按照要求执行,如果6个月内尚未开工,则中标区块将被依法无偿收回,履约保证金也不予退还,中标人也不得参与国土资源部下一次油气探矿权竞争性出让。如果3年内没有完成承诺的最低投入,则要按未完成比例退回相应面积,同时不允许参与下次竞标。另外,在此期间每年要按规定上交报告和地质资料,否则也不允许参与下次竞标。

在页岩气勘查、开采、运输、销售的4个环节中,哪类企业会最先受益?目前普遍认为,现在工程技术服务行业风险较小,因为他们没有拿区块,不用考虑有没有气、有多少气,只要与中标企业技术合作,如钻井、压裂,按固定标准收费。装备制造行业是卖设备的,也没有很大风险。而风险比较大的是拿区块的企业。

值得注意的是,这轮招标不仅对民企开放,对中方控股的合资企业也敞开了大门。如果中标企业没有资金、没有技术,则可成立合资公司,但要由中方控股。另外,还可以通过技术合作或资金合作来参与竞标。

(三) 勘探初期基本无收益

中标企业勘查页岩气要考虑多久能产生效益,页岩气的勘查成功率在 50% 以上,相比我国常规油气 35%~40% 的勘查成功率,这还是比较高的。如果打井位置准确,两年就能出气。2012 年 10 月中标签合同的企业,如果顺利到 2014 年 3 月就能出气。在投资到位的情况下,企业一般先对区块做地震勘探工作,这个工作 3~5 个月就能完成,随后应选好井位并打井,一口井施工最多 3 个月。与常规油气不同,页岩气是连续性、大面积分布的,确定地下有资源,打井的位置即使挪三五百米也没有问题。

此次招标的区块面积都不大,按每平方千米年至少投入 3 万元的要求,基本 3 年就能完成整个区块的页岩气储量评价等相关工作。但只投入 3 万元肯定不够,一口井打几千米至少需要几千万元。

而根据所打井种类的不同,成本也不同。其中,水平井成本最高,打一口井现在至少需要 8 000 万元,这种井可以出气;直井成本低些,一口井现在大概需要 2 000 万~3 000 万元;小口径井成本更低,不过这种井并不出气,只用来取岩心做化验以获取参数。

根据此轮招标要求,每 500 km^2 至少打两口井,平均 1 000 km^2 的区块至少要打 4 口井,如果打水平井,企业初期投入至少需要 3 亿元。不过,不是所有的井都能 1~2 年出气,而且即使出气了,一天出气 2×10^4 m^3,1 m^3 卖 2 元计算,一天的收入才 4 万元,与投入的几亿元相比,回收时间很慢。这就需要多打井,回收期与投入成正比,投入大,出气就快。

页岩气初始产量很高,后期产量下降很快,生产周期也很长。例如初始产量为每天 10×10^4 m^3,半年后可能会降至每天(3~4)×10^4 m^3,而生产周期可能长达 30~40 年。因此,企业需要多打井来弥补产量的下降,而密集打井就意味着高投入。

不同区块的资源条件不同,顺利的话投资 3~5 年后才开始有效益。投资页岩气前几年都是赔钱,企业投资很大,收益周期较长,回收较慢,3 年内都不会有效益。这 3 年主要也是勘查期,要求企业达到预测储量,而不是探明储量。

从投入和产出情况来看,民企投入的风险要大于国企。而且打井打不准的风险也很大,打井成功但压裂技术不过关也不行。尽管投资页岩气的前景广阔,但风险却相当大。我们既鼓励各类投资主体参与页岩气招标，但同时也提醒这些企业要慎重。由于中国的地质条件比较复杂，这就需要参与企业要有经济和精神上的承受能力。

（四）建设全国页岩气人才培养基地

近几年，美国页岩气勘探开发技术取得重大突破，产量快速增加，从而对国际天然气市场及世界能源格局产生了巨大影响。国外页岩气开发的巨大成功正悄然引发一场全球"能源革命"。加快页岩气勘探开发，已经成为世界主要页岩气资源大国和地区的共同选择。

党中央和国务院领导高度重视页岩气工作，多次作出重要批示。国家能源战略已将页岩气摆到十分重要的位置，国民经济和社会发展"十二五"规划明确要求"推进页岩气等非常规油气资源开发利用"；国民经济和社会发展"十三五"规划指出：有序开放开采权，积极开发天然气、煤层气、页岩气。最新出炉的《页岩气发展规划（2016—2020年）》作为页岩气专项规划为我国"十三五"时期页岩气的发展确立了方向和目标。但是，我国页岩气资源开采工作刚刚起步，缺少页岩气勘探开发经验，相关的管理和技术人才匮乏。创建页岩气人才培养基地，有利于发挥各自的优势，为进入页岩气勘探开发领域的企业和相关政府部门培训人才，有利于促进页岩气勘探开发。同时，对于大力推动我国页岩气勘探开发，促进能源格局的改变，优化能源结构调整，不断向清洁能源经济模式转化，从而满足不断增长的清洁能源需求等都具有重要意义。

页岩气勘查开发在我国还是一个全新的领域，培养页岩气方面的人才十分重要，这关系到我国页岩气能否成功开发和快速发展。为加快我国页岩气人才培养步伐，提高国内页岩气勘探开发技术，促进页岩气的快速发展，应依托长期从事开展页岩气资源调查和勘查开发的机构和企业，或是对页岩气地质理论和技术方法有深入研究，且具有扎实和雄厚的页岩气培训师资力量的院校，加快建设全国页岩气人才培养基地。

全国页岩气人才培养基地建设，应围绕国家构建稳定、经济、清洁、安全能源体系，特别是对页岩气人才的需求，尊重地质工作规律和教学规律，立足国内，开放教学，以国家页岩气专项或页岩气勘查开发企业为依托，以页岩气理论和技术培训为重点，以页岩气勘查开发生产实践为基础，采取产学研相结合，培养方式以定向培养为主，培训方法以学习班、参观交流和专家讲座三种方式相结合，培养一批国内页岩气勘查开发技术骨干,建立高层次人才培养和学术交流基地,为实现国内页岩气的快速发展打下坚实的基础。

　　全国页岩气人才培养基地,要按照高要求、高起点、高标准进行建设。在培训计划以及页岩气潜力、宏观政策、管理制度和页岩气基础理论和方法技术的教学等方面要统筹规划。通过2～3年,建成国内一流、世界知名的页岩气人才培养基地,在培养一批全国性页岩气领军人才和业务技术骨干的同时,着力系统研究页岩气地质理论和新认识,探索适应我国不同类型页岩气资源调查和勘探开发的技术体系,实现国内页岩气勘探开发的快速发展,满足我国天然气消费不断增长的需要,促进向清洁能源经济模式转化。

第四章

布局与亮点：
切准页岩气勘探
开发的脉搏

第一节　页岩气：打开中国能源勘探开发新局面

目前，页岩气在全球油气资源领域异军突起，已形成勘探开发的新亮点。加快页岩气勘探开发，已经成为世界主要页岩气资源大国和地区的共同选择。我国也是页岩气资源大国，加快发展页岩气，对于改变我国油气资源格局，甚至改变整个能源结构，缓解我国油气资源短缺，保障国家能源安全，促进经济社会发展等都有十分重要的意义。

一、　由美国引发的"页岩气革命"正在向全球迅速发展

据美国能源信息署（EIA）的最新统计数据显示，当前全球页岩气可采资源量为 189×10^{12} m^3。其中，北美地区拥有 55×10^{12} m^3，位居第一；亚洲拥有 51×10^{12} m^3，位居第二；非洲拥有 30×10^{12} m^3，位居第三；欧洲拥有 18×10^{12} m^3，位居第四。全球其他地区拥有 35×10^{12} m^3。页岩气勘探开发已在北美洲、亚洲、欧洲、南美洲、大洋洲等地区蓬勃兴起，引爆了一场"页岩气革命"。

美国是页岩气开发最早、最成功的国家。1981 年，第一口页岩气井压裂成功，实现了页岩气勘探开发的突破。21 世纪以来，随着水平井大规模压裂技术的成功应用，美国页岩气快速发展。美国页岩气产量从 2005 年的 194×10^8 m^3 提高到 2010 年的 $1\,378 \times 10^8$ m^3，占美国天然气总产量的 23%。2013 年美国页岩气总产量已超过 $2\,000 \times 10^8$ m^3，已占该国天然气总产量的 1/3。这改变了美国天然气供应格局，使该国进口天然气和 LNG 量大幅下降。据预测，页岩气将成为美国未来天然气增产的主要来源，到 2035 年总产量占比将提高到 46%。这也增加了其他国家对页岩气勘探开发利用的信心。

加拿大是继美国之后世界上第二个对页岩气进行勘探开发的国家，除自给自足外，还增加了对欧洲和亚太地区的供应，使北美地区成为世界能源新的增长点。欧洲的波兰、德国、奥地利、匈牙利、西班牙等国家页岩气的勘探开发已取得重大进展，预计到 2035 年，将逐步摆脱对俄罗斯天然气的依赖，实现燃气自给，从而提高欧洲能源安

全。亚太地区的印度、印尼、澳大利亚以及南美洲的阿根廷和哥伦比亚,包括非洲的南非等国也在积极开展页岩气勘探开发,并取得了明显的进展,大有在本地区捷足先登、引领能源未来之势。

二、 我国页岩气资源丰富,勘探开发已开始起步

我国页岩气资源类型多、分布广、潜力大。海相沉积分布面积达 300×10^4 km²,海陆交互相沉积面积达 200×10^4 km²,陆上海相沉积面积约 280×10^4 km²。这些沉积区内均具有富含有机质页岩的地质条件,页岩地层在各地质历史时期十分发育,形成了海相、海陆交互相及陆相多种类型富有机质页岩层系。海相厚层富有机质页岩主要分布在我国南方,以扬子地区为主;海陆交互相中薄层富有机质泥页岩主要分布在我国北方,以华北、西北和东北地区为主;湖相中厚层富有机质泥页岩主要分布在大中型含油气盆地,以松辽、鄂尔多斯等盆地为主。

目前,我国页岩气资源调查评价工作已取得重要进展。近年来,国土资源部重点研究我国页岩气地质条件和富有机质页岩发育情况,提出扬子地区为我国页岩气富集远景区,在建设川渝黔鄂页岩气资源战略调查先导试验区的同时,在苏浙皖地区和北方部分地区开展页岩气资源前期调查研究,初步掌握了我国部分有利区富有机质页岩分布,确定了主力层系,初步形成了页岩气资源潜力评价方法和有利区优选标准框架,优选出了一批页岩气富集远景区,为促进页岩气勘查开发奠定了扎实的基础。

目前,我国页岩气勘查开发主要集中在四川盆地及其周缘、鄂尔多斯盆地、辽河东部凹陷等地。中国石油在川南、滇黔北地区优选了威远、长宁、昭通和富顺-永川等 4 个有利区块,完钻 10 余口探井,其中 7 口井获得工业气流。完钻并压裂水平井 1 口,在钻、完钻水平井多口。中国石化在黔东南、渝东南、鄂西、川东北、泌阳、江汉、皖南等地完钻 10 余口探井,其中 6 口井获得工业气流。完钻并压裂水平井 1 口。优选了彭水、建南、黄平等有利区块。中海油在皖浙等地区开展了页岩气勘探前期工作。延长石油在陕西延安地区 5 口钻井取得陆相页岩气重大发现。中联煤在山西沁水盆地提出了寿阳、沁源和晋城 3 个页岩气有利区。

我国页岩气勘查开发已获得重大发现,已经完钻近 50 口页岩气探井,18 口井压裂获工业气流,从而初步掌握了页岩气压裂技术。目前我国多家石油企业已与壳牌、埃克森美孚等外国公司开展合作开发与联合研究。国内相关企业、科研院校成立专门机构,开始研究页岩气的生成机理、富集规律、储集和保存条件。我国石油企业正在探索页岩气水平井钻完井和多段压裂技术。

针对页岩气这一新的能源资源,国土资源部加强了页岩气勘探开发管理工作。首先制定了页岩气资源管理工作方案,进一步明确了页岩气资源管理的思路、工作原则以及主要内容和重点等。紧接着在近年来开展的页岩气资源调查评价和研究的基础上,通过与天然气、煤层气对比,于 2011 年开展了页岩气新矿种的论证、申报工作,经国务院批准将页岩气作为新矿种进行管理。同时,开展页岩气探矿权出让招标。引入市场机制,对页岩气资源管理制度进行创新,2011 年成功开展了页岩气探矿权出让招标,完成了我国油气矿业权首次市场化探索,从而向油气矿业权市场化改革迈出了重要一步。

三、 加快我国页岩气发展必须打破常规,多措并举

我国页岩气勘探开发起步较晚,与美国差距很大,存在诸多不利因素,但开局良好,呈现出了积极的发展态势。尤其是在"十二五"时期,我国页岩气得到了大力发展。借鉴国外发展页岩气的先进经验,结合我国实际,寻找加快发展的路径,探索并形成具有中国特色的页岩气勘探开发和利用体系,就显得十分迫切。我国具有加快发展页岩气的有利条件,如果措施得当,可以大大缩短我国页岩气发展的过程,从而实现跨越式发展。预计 2020 年产量将超过 $800 \times 10^8 \ m^3$,达到我国目前常规天然气生产水平,并持续保持强劲增长势头。2030 年产量有望与常规天然气相当,与美国接近。为此,应重点采取以下措施来推动我国页岩气跨越式发展。

(1)开放市场。创造开放的竞争环境,推进页岩气勘探开发投资主体多元化,鼓励中小企业和民营资本参与。放开页岩气市场,鼓励国内具有资金、技术实力的多种投资主体进入页岩气勘探开发领域;允许国外企业以合资、合作等方式参与页岩气勘

探开发。允许民营资本、中央和地方国有资本等以独资、参股、合作、提供专业服务等方式参与页岩气投资开发。

（2）技术攻关。组织全国优势科技力量联合攻关，重点突破水平井钻完井、储层多段压裂改造、页岩气含气量及储层物性分析测试等技术瓶颈。重点支持和建设若干个国家级页岩气重点实验室和技术研发中心，提高我国页岩气技术自主创新能力和水平。鼓励企业研发并推广应用成熟的新技术和新工艺，为页岩气的勘探开发和跨越式发展提供有效的理论和技术支撑，进而不断提高资源开发效率。

（3）加强管理。对页岩气勘探开发实行国家一级管理。制定科学合理的页岩气发展规划，进行合理引导和综合布局。各类投资主体通过竞争取得页岩气矿业权。国家在已登记石油天然气和其他矿产区块内设置页岩气矿业权，矿业权人和其他企业通过竞争取得页岩气矿业权。实行合同管理，通过合同约定各自的权利和义务。加强对页岩气招标区块成果和勘查资料的汇交管理。建立页岩气资源调查评价、勘探开发、资源储量管理制度和规范标准，强化页岩气勘探开发全过程监管，实现页岩气的有序开发。

（4）政策扶持。在对美国等国家鼓励页岩油气发展政策进行调研的基础上，结合我国实际，参照国内煤层气勘探开发优惠政策，制定页岩油气勘探开发的鼓励政策，实行页岩气市场定价、自主销售；减免资源税、资源补偿费、矿业权使用费；减免关键技术装备进口关税等税费；实施财政补贴；执行用地保障等扶持政策。通过以上政策扶持从而来引导和推动页岩油气的产业化发展。

（5）调查评价。在全国范围内，深入开展页岩气资源基础研究和调查评价。加大财政投入，采取产学研相结合的方式，全面调查评价我国页岩气资源潜力，优选勘探开发靶区。开展我国页岩气生成机理、富集条件、分布特征与开发技术研究，总结我国页岩气成藏条件和富集规律，形成页岩气基础地质和勘探开发理论体系。通过以上措施来为推动我国页岩气勘探开发，制定能源规划，特别是页岩气中长期发展规划和宏观决策以及资源管理等提供科学依据。

（6）先行示范。在国土资源部已建设的"川渝黔鄂"页岩气资源战略调查先导试验区基础上，选择川渝黔鄂湘、陕北、辽南等页岩气重点有利区，建设一批页岩气勘探开发和综合利用示范基地，在评价与开发技术、管理体制、政策支持、利用模式和监管等方面先行先试、综合试验、率先突破,形成储量和产能。制定科学合理的发展规划和试点工作方案,明确页岩气勘探开发利用一体化示范工程定位、示范目标、发展重点和保障措施,加强组织领导和统筹协调,不断总结经验,为推进全国页岩气勘探开发和利用提供借鉴。

(7)注重环保。跟踪研究页岩气勘探开发对地下水的影响,建立地质环境影响评估制度、压裂混合液化学成分报告和披露制度,加强页岩气勘探开发矿区的地质环境监测,对返排液处理实行严格的监督管理。开展页岩气开采前的环评及开采过程中的监管工作。严格执行我国现有的环境保护方面的法律法规。

(8)对外合作。我国页岩气开发利用过程中还需要不断加强页岩气国际合作与交流,积极引进国外页岩气开发先进技术,同时继续跟踪美国页岩气勘探开发技术进展。在页岩气勘探开发初期,鼓励与国外有经验的公司合作,引进实验测试、水平钻井、测井、固井和压裂等技术。建立和加强政府间有关页岩气的合作与交流机制,搭建企业、科研院校国际合作平台,建设科技攻关联盟。通过技术引进、联合攻关、引进人才和委托培养等多种方式,快速提高我国页岩气技术水平。

(9)建设管网。加快我国页岩气发展的过程中还需要推动天然气基础设施尤其是管网的建设,继续加快天然气输送主干网、联络管网和地方区域管网等建设,逐步建成覆盖全国的天然气骨干网和能够满足地方需要的管网。借鉴电力体制改革经验,成立独立运行的天然气管网公司。根据页岩气发展趋势调整完善管网规划。允许地方和企业自建局域管网。鼓励发展 LNG 设施和页岩气就地利用。

第二节　　推动页岩气勘探开发的适用技术攻关

页岩气的勘查开发是一项系统工程。在整个勘查开发过程中,从物探、测井到钻井、测试等环环相扣。页岩气开发应用的储层评价、水平井压裂、水力分段压裂等主体技术都是按非常规油气开发的新理念,由多种工艺技术组合集成创新而实现的。

与国际先进技术相比,我国在页岩气富集区进行预测、"甜点"优选、岩心测试、长水平井段钻完井、分段压裂井下工具、压裂裂缝监测、产能评价、压裂液处理等技术、工艺、装备和经验等方面还存在一定的差距,总体还不能满足页岩气大规模勘查开发的需要。我国页岩气类型多,地质特点和开发条件与北美相比差异较大,特别是陆相和海陆过渡相页岩,在美国尚没有成功案例,因此勘查开发页岩气不能完全套用美国的技术工艺,只能在借鉴国外经验的同时立足自身的资源特点和开发条件,坚持自主研发和引进吸收相结合的技术路线,走出一条适合中国国情的页岩气发展道路。

一、 我国页岩气勘查开发技术现状及面临的主要问题

经过近年来的勘查开发实践,我国在页岩气资源调查评价、野外地质调查、地球物理勘探、水平井钻完井、水平井分段压裂改造、微地震监测技术以及核心工程技术攻关集成和"工厂化"作业等方面取得了长足的进步。目前,我国先期施工的页岩气钻井主要是引进国外技术,由我国石油公司与国外石油公司共同设计,而钻井和泥浆、录井、测井、压裂及现场服务则均由国内企业承担。我国已基本实现分段压裂工具、压裂液及压裂测试核心技术和关键设备的国产化,延长石油集团开发的二氧化碳压裂工艺技术,在国际上也处于领先水平。尽管如此,我国页岩气大规模开发利用仍然面临着一系列技术难题。

(1)地震勘探技术。我国页岩气勘探目前主要采用二维地震勘探技术,尽管我国常规油气的三维地震勘探技术比较成熟,但在页岩气勘查开发方面还没有大规模应用。通过三维地震对含气页岩层段物性研究、直接确定"甜点"的方法研究也刚刚起步,目前还是参照北美地区对含气页岩的物性研究,建立含气页岩物性参数计算模型。

(2)钻完井技术。我国页岩气勘探主要采用直井和水平井。中石油采用水平井进行试采;中石化对钻探显示页岩气开采前景良好的直井,多转换为水平定向井进行页岩气试采。由于含气页岩层段地层软,层理发育,井眼稳定性差,如何在钻进过程中保持井眼稳定是近两年页岩气水平钻井遇到的普遍问题。在地质导向方面,我国尚缺少核心设备,目前地质导向装备主要通过租用斯伦贝谢等国外企业产品获得。

（3）测井技术。我国测井装备和处理解释软件主要还是依赖进口。测井资料处理技术较国外差距并不大，但针对页岩气的处理解释经验则还需要不断积累。随钻测井技术和装备的发展也较缓慢。

（4）储层压裂改造技术。我国主要采用水力压裂技术对页岩气储层进行改造，目前最多可以压裂 22 段。但多段压裂技术还不够成熟，作业周期长、事故多、压裂级数少等问题尚未解决，压裂液配方和压裂经验不足；少水、无水压裂技术还未提上日程；分段压裂所需的可钻式桥塞还主要依赖进口，国产桥塞则主要用于出口。水平井分段压裂技术从设计到核心工具目前还主要依赖引进。

（5）微地震监测技术。微地震监测技术目前刚刚开始应用，主要还是采用国外技术，但与压裂施工的集成度不高，还不能做到数据实时反馈、及时修改压裂参数并优化压裂施工。这一技术还需要积累经验、发展装备、研发控制软件，从而发展适用的技术。中石油东方物探公司通过近年的重点攻关，已经具备井下微地震采集的能力，目前正在研发配套的监测软件。

（6）测试分析技术。页岩气含气量测试评价技术、储层测试评价技术、地应力测试分析是页岩气分析测试的几个关键测试分析技术。我国在含气性测试评价方面，主要是以钻井岩心现场快速解析和岩心样品的等温吸附模拟为主，实验室慢速解析技术还没有得到应用。储层物性测试评价技术目前受钻井数量和岩心的限制，还需要不断研究；地应力分析技术还需要将已有技术进行有效应用。

（7）地质及技术集成。在页岩气的成功开发过程中，地质理论认识和各项技术的集成应用起到了非常重要的作用。斯伦贝谢、哈利伯顿、贝克休斯等国际石油服务公司均十分重视地质理论认识和各项技术的综合集成工作，并将其作为本公司重要的技术领域进行大力发展和推广应用。我国石油行业在这方面较国外落后较多，各专业之间协调配合不够，也没有将其作为一项可以创造经济价值的重要领域进行主动发展。

（8）页岩气井配产方式。国外早期页岩气井的生产方式为初期高产，并快速递减，第一年的递减达到峰值的 65%～75%，之后缓慢递减，长期低产。近两年，生产厂商开始研究试验早期限产的生产方式，以实现单井最终采收率的提高。我国目前的开发试验井因销售原因还处于限产生产阶段。

二、 推动页岩气勘查开发技术攻关

推动我国页岩气勘查开发技术攻关需要从以下几方面进行。

（1）加强页岩气勘探开发适用技术优选与应用。在勘探阶段推广使用三维地震勘探及三维地震储层识别技术，提高探井成功率。加强钻井工艺和钻井液研究，解决水平井井眼坍塌问题。加强压裂控制研究，将微地震监测技术与压裂施工紧密结合，从而实现精确压裂。加强分析测试技术研究，解决页岩含气性评价、储层评价和开发工程评价的关键参数。

（2）加强地质与技术的集成应用。页岩气储层、赋存状态和开采方式与常规天然气有本质上的不同。页岩气开发将油气勘查开发技术整体提升了一个台阶，其中地质与各项技术间的高度集成应用是其关键。加强地质与技术的集成应用，必须改变目前常规油气勘探的惯性做法，建立专门的综合集成部门，形成和完善地质与技术集成机制。

（3）加强关键设备研发攻关。加强优质 PDC 钻头、地质导向设备、可钻式桥塞等关键设备的研发，实现关键设备国产化，大幅度降低成本。加强先进的地震、测井、钻井、分析测试装备研发，提升油气勘探开发装备产业技术水平，占领技术高点，扩大市场份额。

（4）加强页岩气开发的技术经济评价研究。在目前的形势和条件下，推动页岩气勘查开发技术攻关还需要密切跟踪我国页岩气开发进展，以单井、开发试验井组为研究对象，分析不同页岩气开发方式的产能特点，建立不同开发方式下的单井、井组页岩气生产曲线，系统分析页岩气井的投入、产出，明确页岩气开发的经济性和必备条件，研究制定页岩气技术经济参数体系和评价模式，从而指导页岩气经济、高效地开发利用。

三、 以开放的姿态推动页岩气勘查开发技术攻关

页岩气勘查开发难度大，技术要求高。推进页岩气开发，向规模化、批量化、效益化生产稳步发展，进而实现产业化，技术是关键和保障因素。目前，我国页岩气勘查开发的关键技术与美国相比还有一定的差距，要研发和掌握核心技术，加快攻关和突破，

必须以开放、务实的姿态,采取有效的措施加以推进。

(1)坚持引进消化吸收再创新。推进页岩气技术创新,要坚持两条腿走路,既要注重原始创新,也要注重引进消化吸收再创新。借鉴我国制造领域站在巨人肩膀上取得重大技术突破的经验,走开放创新、集成创新的路子,在保护知识产权的基础上,鼓励企业以合资、参股甚至并购的方式与国外技术原创方开展合作。在引进吸收国外先进技术的基础上,通过科技攻关和国家重大专项等政策支持,完善理论和技术基础,解决技术引进后的"本地化"问题,形成适合我国地质条件的页岩气勘查开发核心技术。要进一步推动国际合作,特别是不断深化企业技术合作,还需要引进国外关键技术,缩短创新进程,实现页岩气技术创新的新突破。

(2)运用市场机制开展技术攻关。页岩气勘查开发需要不同专业、不同学科间的密切配合,还需要现场实践。因此要按照市场经济和全新的研发理念以及技术需求,找准技术难点,运用市场机制,发挥各方面、各专业的优势,围绕共同的技术目标形成合力,实现集成创新。在充分发挥国有石油企业和科研院校作为技术攻关主体的同时,更要注重中小企业和社会研究力量机制灵活、信息交流快、联系范围广、工作效率高等的优势,通过体制机制改革,推动页岩气勘查开发技术攻关取得突破和重要进展。

(3)打破"壁垒"联合攻关。我国几大石油公司长期从事油气勘查开发,形成了一系列成熟的常规油气勘查开发技术,各专业分工精细。但出于自身利益的考虑,各公司、各专业之间尚存在一定程度的技术交流"壁垒",这种状况很显然不利于页岩气勘查开发技术攻关和形成新的技术体系。因此,要采取必要的有效措施,加强合作,打破企业、专业之间的技术"壁垒",建立新的合作机制,实现技术集成再创新。在这一过程中,要由能够统筹的协调机制将各方面力量组合起来,加快技术攻关,以满足页岩气勘查开发对技术的需求。

第三节　加快页岩气配套基础设施建设

页岩气与天然气的化学成分基本相同,完全可以共用一套管网。而页岩气和天然气的运输、储存又与石油有很大区别：石油可以储存，运输渠道多样；而页岩气和天然气储存难度较大，输送是以管道为主。因此，要推动页岩气基础设施特别是管网建设，必须继续加快天然气输送主干网、联络管网和地方区域管网等建设，逐步建成覆盖全国的天然气骨干网和能够满足地方需要的管网，从而加快页岩气产业化，保障天然气的安全稳定供应。

一、 我国天然气管道等基础设施状况

我国天然气管道主要由进口天然气管道、跨区域天然气骨干管网及区域天然气管网构成。截至 2015 年，我国境内建成并投入运营的天然气管道已达 7×10^4 km；"十三五"规划提出，到 2020 年，天然气管道（含支线）达 15×10^4 km，年输气能力将达到 $4\,800 \times 10^8$ m³。

（1）进口天然气管道。进口天然气管道主要有年输气能力为 300×10^8 m³ 的中国-中亚天然气管道和年输气能力 120×10^8 m³ 的中缅天然气管道。

（2）跨区域天然气骨干管网。截至 2010 年底，我国已形成了由西气东输系统、陕京系统、秦沈线、忠武线、涩宁兰及复线、长宁线、兰银线、淮武线、冀宁线、川气东送、榆济线等管道为骨架的横跨东西、纵贯南北、连通海外的全国性供气网络，已建成管道总里程 4×10^4 km，干线管网总输气能力超过 $1\,000 \times 10^8$ m³/a。

（3）区域天然气管网。区域天然气管网主要有川渝、环渤海和长三角地区区域管网以及中南地区、珠三角区域管网主体框架。川渝地区天然气管道总里程超过了 7 000 km，已形成以南北干线为主体、与其他干线（屏渠线、屏石线）连通的环形骨干管网，并与五大油气产区的区域性管网相互连通，主要担负着川渝地区、云贵部分地区及两湖地区的天然气输送任务，管网配送能力达到每年 145×10^8 m³。

环渤海地区在 1997 年陕京线建成投产后，开始逐步形成区域性天然气管网，形成了以陕京线、陕京二线为主干线，华北输气管道、大港输气管道及其他地方管道为辅的输气管道系统，多气源、多渠道的供气格局。输送能力为每年 210×10^8 m³。

长三角地区自 2007 年以来成为继川渝地区之后第二大天然气消费区。该区供气

管道包括西气东输干线及支线、冀宁线(西气东输和陕京二线联络线)、东海-平湖管道、东海-宁波管道、浙江省天然气管道等,形成了以塔里木天然气为主、东海天然气为辅的联合供气管网系统。输送能力为每年 $150 \times 10^8 \mathrm{~m}^3$。

中南地区以西气东输线、忠武线、淮武线(河南淮阳-武汉)为骨架,形成该区域的管网系统,每年供气能力在 $40 \times 10^8 \mathrm{~m}^3$。

东南沿海地区 LNG 管网,主要由广东 LNG、福建 LNG 外输管道构成,年输送能力为 $120 \times 10^8 \mathrm{~m}^3$。

另外,西气东输沿途省市除建设支干管道外,还带动了当地区域管网的建设。其中,具有代表性的是江西和广西两省:"西二线"南宁支干线管道工程还将配套建设广西天然气支线管网项目,按照规划,将建设 14 条地级城市天然气管道和 50 条县级支线管道,总里程数达 2 863.6 km;江西省天然气管网二期作为承接"西二线"入赣工程,建设的管道全长也达 250 km。

(4)页岩气管网建设。中石油已开始投资建设 92 km 长的页岩气管道,这是我国第一条页岩气专业管网。未来三年将投资 3.5 亿元,在四川长宁、云南昭通建成 $15 \times 10^8 \mathrm{~m}^3/\mathrm{a}$(长宁 $10 \times 10^8 \mathrm{~m}^3/\mathrm{a}$、昭通 $5 \times 10^8 \mathrm{~m}^3/\mathrm{a}$)的页岩气外输能力。此外、中石油四川威远区块、中石化湖北建南区块生产的页岩气已接入已有的常规天然气管道。

二、 我国天然气管道建设和运营存在的问题

我国天然气管道建设和运营还存在以下问题。

(1)天然气管道以企业建设和经营为主,第三方进入困难重重。目前,我国的油气管道设计、建设和经营主要由石油企业进行。各石油企业根据自身需要,规划建设并经营油气管网,必然会形成垄断经营,从而导致第三方准入困难。

(2)缺少全国天然气管道网络建设规划,导致重复建设。管道运输是一种重要的运输方式,未来管道运输需求还将快速增长。但目前我国天然气管道建设还缺少国家层面的管道网络建设规划,石油企业各自根据其油气运输需要提出建设规划报发展改革委审批,这就会出现在同一生产区域、同一消费地区不同石油企业并行或交叉重复

建设等问题。

（3）政府监管体制和法规体系不健全。管道运输具有自然垄断的特点,因此,政府的监管必不可少。目前,我国对油气管道运输的监管体制及其法律法规建设相对滞后,在市场准入、管道运营、安全、环保及管道运输费用和服务等方面尚未建立全面完善的监管制度。

（4）管道网络化程度较低。我国天然气长输管道建设发展很快,但由于联络线较少,联通程度不够,可用于灵活调剂的富余能力仅$(30 \sim 120) \times 10^8 \ m^3/a$。天然气支线网络建设尚无法满足市场需求。

三、 放开天然气管道,鼓励建设页岩气管网

要保障我国页岩气产业快速、健康发展,其中非常关键的一项就是建设好页岩气管网。

（1）健全管道运输法规体系。规范天然气、页岩气管道运输主体,明确运营方式、准入原则、利益分配原则及健康安全环境标准等。制定页岩气管道建设和运营管理办法。

（2）将全国管网建设纳入国家交通运输规划系统。编制天然气、页岩气管道运输规划,下放规划审批权,跨国、跨省区天然气、页岩气管道建设规划由国家发展改革委审批,省区内、市县页岩气管道建设规划交由省区主管部门审批。加大页岩气管道建设,逐步形成我国天然气、页岩气管道运输体系。

（3）实行页岩气生产与管道运营分离。将区域及骨干管网体系从现有企业中剥离,建立专业管道公司,负责管道运输的规划、设计、建设和运营。页岩气生产商生产的页岩气可以无歧视进入现有管网。

（4）加快建设页岩气区域管网建设。我国石油公司现有页岩气勘查开发的重点地区大部分都没有天然气管道,目前已招标出让的页岩气探矿权区块,大部分是少数民族、经济欠发达和交通不便地区,远离已建成的天然气管道。为保障生产出的页岩气能够及时消费使用,应采取积极措施,引入多种投资,建设页岩气区域或地方县域管

网,鼓励页岩气就近利用。

（5）鼓励发展 LNG 设施。在页岩气已有产量但还没有管网的地区,或者规模暂时达不到建设管网要求的地区,鼓励发展国产小型压缩天然气（CNG）机组、撬装（车载）式液化天然气（LNG）机组设备,为数井形成的井组和较高稳产的单井所产的页岩气,创造就地就近利用的条件。

第四节　　处理好加快页岩气开发与常规油气开发的关系

由于地质作用,页岩气资源与常规石油天然气、煤层气和煤炭等化石能源在地下赋存的形式复杂多样,往往交叉重叠,因此处理好页岩气勘查开发与常规油气等能源开发的关系,对加快页岩气发展与促进常规能源产业健康发展等具有非常重要的意义。

一、矿业权方面的政策规定

国土资源部于 2012 年 10 月出台了《国土资源部关于加强页岩气资源勘查开采和监督管理有关工作的通知》,其中第八条提出了处理常规油气、煤层气与页岩气勘查开发关系的原则性意见。主要意见如下所述。

（1）鼓励开展石油天然气区块内的页岩气勘查开采。石油、天然气（含煤层气,下同）矿业权人可在其矿业权范围内勘查、开采页岩气,但须依法办理矿业权变更手续或增列勘查、开采矿种,并提交页岩气勘查实施方案或开发利用方案。

（2）对具备页岩气资源潜力的石油、天然气勘查区块,其探矿权人不进行页岩气勘查的,由国土资源部组织论证,在妥善衔接石油、天然气、页岩气勘查施工的前提下,另行设置页岩气探矿权。

（3）对石油、天然气勘查投入不足、勘查前景不明朗但却具备页岩气资源潜力的区块,现石油、天然气探矿权人不开展页岩气勘查的,应当退出石油、天然气区块,由国土资源部依法设置页岩气探矿权。

二、 存在的问题

(1) 矿业权退出力度不够。石油公司自查结果显示,截至 2011 年底,在现有的常规油气区块中,有近 40% 的区块面积达不到法定的最低勘查投入标准。2012 年仅退出 30×10^4 km^2,区块退出力度较小,仍有大量投入不足的区块没有退出。

(2) 油气最低勘查投入标准偏低。依据《矿产资源勘查区块登记管理办法》规定,我国油气探矿权最低勘查投入标准最高为 10 000 元人民币每平方千米年,目前已经实施了 15 年,按照目前的物价水平,油气探矿权最低勘查投入标准偏低。近年来,在物价不断上涨的同时,油气勘探成本也在大幅上涨,特别是二维、三维地震成本和钻井成本涨幅更大。由于石油勘探成本的不断上涨,区块单位面积实际勘查投入在不断降低。依据目前的物价水平,适时调整油气区块最低勘查投入势在必行。

(3) 油气矿业权和探明储量没有实现有序流转。我国油气矿业权由石油企业申请登记后自行掌控,所探明的储量由各石油公司自行开发,油气矿业权在各石油公司间没有实现有偿流转,从而使得部分难采探明储量长期得不到动用;部分难采储量,石油公司采取"暗箱作业"的方式,以合同形式转给了地方、民营等小公司进行勘探开发。目前依附中石油、中石化等公司进行常规油气勘探开发的各类企业有 200 家左右,基本上采取了"灰色"方式进入,这类企业的勘探开发活动与目前国家的现行规定不相符,并会造成国家税费流失等一系列问题。

三、 主要措施及建议

针对上述问题,我们提出以下措施与建议。

(1) 适时调整油气(含煤层气)最低勘查投入标准。建议国务院研究出台油气勘探最低勘查投入调整意见,按通货膨胀率,将1998年的10 000元最低勘查投入折现到2013年,并实现最低勘查投入每5年根据通货膨胀率进行动态调整的机制。

(2)完善油气矿业权退出机制。严格执行矿产资源法及配套法律法规,切实落实《国土资源部关于加强页岩气资源勘查开采和监督管理有关工作的通知》,加大执法力度,推动油气矿业权区块内页岩气勘探开发。要按折现后的最低勘查投入标准,对区块最低勘查投入进行检查,对投入不足的油气、煤层气区块坚决退出,不打折扣。退出区块中,页岩气资源潜力大的,对探矿权采取招标出让,进而加快页岩气勘查开发。

(3)明确从事油气勘查开发中小企业相应的地位。目前,与石油公司以合同形式有偿取得油气开发区块的中小油气企业均具有多年的油气开发经验,机制灵活,开发成本低,他们是我国油气开发的新生力量,有进一步发展壮大的潜力。建议国家出台有关政策,给予目前依附于国有石油公司的中小油气企业相应的地位,使其合法从事油气勘查开发,并向国家缴纳相关税费。

(4)试行页岩气矿业权和探明储量流转。建立页岩气矿业权流转市场,对已经完成规定勘查投入的页岩气矿业权,经主管部门审核后可以挂牌有偿转让。试行页岩气储量流转机制,企业根据自身情况对已探明并提交到储量主管部门的页岩气储量进行有偿转让。

总之,我国应从发展转型和能源安全的层面,高度重视页岩气开发工作,注重顶层设计,加强国家层面的组织协调,实行新体制新机制。制定促进页岩气产业发展的优惠政策,加大页岩气区块投放力度,降低勘探开发的准入门槛,吸引包括国外资本在内的多种投资主体进入页岩气勘探开发领域,以页岩气产业发展为契机改革和完善我国油气行业管理体制。在加强国际合作引进国外关键核心技术和先进管理经验的基础上,加强自主创新,探索和创建适合我国地质条件的页岩气勘查开发技术体系和规范。建立页岩气资源勘查开发的监督管理体系,对页岩气资源勘探开发、合理利用、环境保护、矿业权人权益保护等业务实行专业性监管,对页岩气开采进度、地质环境影响、开采秩序等行为实施全程监管,促进产业健康可持续发展。在页岩气资源丰富的川渝黔鄂湘等地区,加快建立国家级的页岩气勘探开发和利用一体化示范工程,在评价与开发技术、管理体制、政策支持、利用模式和监管等方面,先行先试、率先突破,形成储量和产能,为推进全国页岩气勘查开发和利用提供借鉴。

第五节　　页岩气开发的中国路径

在中国大力发展页岩气的进程中,国内外都出现了一些质疑之声。就连国外的一些著名学者也抛出了很多"圈套"论调。这些论调主要意思就是美国正在逐步实施控制我国能源战略的计划。

自"十二五"规划纲要提出要"推进页岩气等非常规油气资源的开发利用"以来,中国已开展了两轮页岩气探矿权招标,国家能源局等部门也发布了《页岩气发展规划(2011—2015 年)》。2016 年 9 月 30 日《页岩气发展规划(2016—2020 年)》发布,这对指导我国页岩气的发展起到了非常重要的推动作用。

上述背景下,中国的页岩气开发真实现状是什么样的呢? 真如"圈套"论所说是美国的一个阴谋,还是确有广阔的发展前景?

从宏观上看是不是圈套这并不重要,重要的是用事实说话。不管怎样,美国页岩气的产量显而易见,美国页岩气开发取得成功后对美国自身及世界能源格局和地缘政治带来的影响也是众所周知的。

中国作为一个主权国家、资源大国,有自己的认识和判断,我们作出任何判断都不会跟在别人的后面人云亦云,相关的决策更是从中国自身的国情出发,当前最需要做的是排除外界的干扰,将中国自己的事情办好。

从中国实际需要看,到 2020 年,国内天然气缺口将达 $1\,800 \times 10^8$ m^3。若页岩气产量可达到 800×10^8 m^3,占整个天然气的比重将达 26%,剩下的 $1\,000 \times 10^8$ m^3 缺口可以通过进口或煤层气来平衡。这对于降低我国能源对外依存度、增强在国际能源领域和地缘政治中的话语权意义重大。

一、 美国的真实意图

在美国能源信息署发布的数据中,中国的页岩气资源量为 36×10^{12} m^3。而根据国土资源部的调查评价结果表明,中国陆域页岩气地质资源潜力为 134.42×10^{12} m^3,可采资源潜力为 25.1×10^{12} m^3(不含青藏区),与常规天然气相当。国土资源部组织的全国页岩气资源潜力调查评价将全国陆域分成五个大区进行评价。

根据评价结果,全国共有 180 个有利区,25.1×10^{12} m³ 的可采资源绝大部分分布于有利区内。这次评价的标准、数据、结果,都是有科学依据的,都经过了实实在在的野外地质调查、投入实物工作量和综合研究,甚至使用了很多工程手段和实验测试分析,利用了很多以往的历史资料,综合得出的判断是,我国页岩气资源非常丰富。

目前,美国页岩气开发取得的成功为全球所瞩目。2009 年,美国总统奥巴马访华期间,中美两国签署了《中美关于在页岩气领域开展合作的谅解备忘录》。接下来的几年里,中美双方已经召开了五次中美能源论坛。美国热衷于与中国在页岩气领域开展合作的核心目的,美国能源部副部长克里斯托弗·史密斯曾表示,美国不只是在向中国推广页岩气,而是向全世界推广。页岩气的开发是在美国首先取得成功的,这一新的技术不可能只被美国自己使用。他还表示,页岩气是一种清洁能源,有助于世界温室气体的减排。从美国自身来说,也希望为美国企业走出本土创造一些条件和机会。

总体看来,史密斯的回答较为客观,但回避了地缘政治和外交、军事等方面的考虑。美国极力向欧洲推广页岩气技术,原因在于欧洲 70% 的天然气从俄罗斯进口,欧洲在常规天然气方面非常缺乏,但非常规天然气却比较丰富,如果欧洲页岩气开发取得成功,就能减少其对俄罗斯的依赖。

回到美国自身,在页岩气大规模开发之前,美国倚靠中东的石油,并从邻国加拿大进口 LNG(液化天然气)。现在不仅减少了对天然气的进口,也减少了对石油的进口。当初发动阿富汗战争和伊拉克战争,背后都有石油安全的目的。美国已计划,到 2020 年从中东进口石油减少一半,到 2030 年完全取消进口。在能源供应不再依赖中东之后,美国的军事和外交格局将会发生很大变化。

页岩气的成功已改变了美国的能源格局。2012 年底,美国页岩气产量达到 $2\,653 \times 10^{8}$ m³,而中国 2012 年底天然气总和也才仅有 $1\,071 \times 10^{8}$ m³,美国的优势已非常明显。

二、 中国的现实难题

从公布的数据来看,中国页岩气可采资源量比较乐观,但技术和资金障碍、土地与水资源约束、开采成本、定价机制、管道资源与管网管理等诸多限制因素,也使中国能否成功复制美国"页岩气革命"存在太多的变数,特别是关键核心技术始终无法突破,从而使页岩气产业前进之路仍处于迷雾之中。

中国页岩气开发在技术上并不完全依靠美国。美国的技术在中国不一定适用,因为两国的地质条件差距很大。中国页岩气地质条件比较复杂,时代比较老,开采难度较大。

中国的页岩气开采还是需要自身在技术上取得突破。中国已有60年的油气勘探开发经验,全国天然气产量的约三分之一是致密砂岩气,而致密砂岩气和页岩气在技术上有许多相通之处,都需要在地下打水平井,都需要压裂,只不过岩层不一样。致密砂岩气在砂岩里,页岩气在富有机质泥页岩里,岩石存在软硬的不同。

为了鼓励更多的企业参与到页岩气开发中来,国土资源部进行了两轮招标,但对此笔者却是喜忧参半。高兴的是市场放开了,打破了过去的垄断,允许多种投资主体进入油气领域了。担忧的是这些企业有热情,但很难将页岩气搞成功,很难有好的回报。究其原因,主要是用于进行招标的区块并不是最好的区块,最好的区块都掌握在石油公司手里。而且,许多企业对油气领域并不熟悉,缺乏相关的经验和技术。有实力的没有热情,有投资热情的却缺少技术,从而导致过程并不顺利。总结下来,就是要统筹考虑页岩气开发的经济性,有资源和技术后,开发出来还得有效益,这样才能提高企业的积极性。一定要有前瞻性,页岩气是战略性的资源,不能等民营企业都干起来了并干成了,等到瓜熟蒂落了大企业才进入,当务之急是要尽快实现产业化。

三、 新的突破点

在美国,页岩气开采初始,环保组织的反对声就不断。在国内,对环境的影响也是页岩气开发中需要着力解决的重大问题。不少人士认为,在勘探开发中,页岩气钻井数量多、耗水量大,同时会对地表环境造成破坏,对水体造成污染。

然而,任何能源开发都会对环境造成影响。相比于页岩气,常规石油的影响更大。而页岩气的开发并没有带来新的环境问题。在用水方面,相对来说用水量还是比较大的,平均一口井要用 1.5×10^4 m^3 左右的水,但压裂一次可以用 30~50 年,所以按年折算平均下来也并不多。根据美国的经验,按一个盆地算,页岩气开发用水只占当地用水的 1.8%,比其他工业农业用水都少。

不少人士还担心地下水污染问题。中国的地下水一般在地下 300 m 左右,而页岩气在 1 500 m 以下,打井在 300 m 穿过地下水层时,将套管固定好就不会泄露。打煤层气、天然气、常规石油也要穿过地下水层。这是一个共性问题,不穿过水层,任何油气都上不来。而对于页岩气开发,只要按操作规范进行,地下水问题应该不会大。

气体对空气的污染是业界的又一担心。页岩气开采中,压裂之后要对压裂液进行返排,注入的液体 40%~70% 再排回来,经过处理可以循环利用。返排时气体与水一同出井,这会对环境造成影响。针对这一问题,美国现已有绿色完井技术,可以实现气体的回收。回收设备的价格从 2.5 万美元至 80 万美元不等。经过一个阶段的返排,然后就能正常开采,气体对环境的影响能够降到最低。

页岩气开采中真正的核心问题是体制问题。目前,中国的页岩气开发由包括国土部、财政部、国家发改委、国家能源局、商务部、科技部、环保部等在内的七个部门参与其中。各个部委都很有积极性,但缺乏统筹和协调;每个部委都很积极,但页岩气不是一个部委能干的,也不是一个部委的某一个司局就能干的。对此,应加强页岩气开发的组织协调,考虑出台综合性工作方案,确定牵头部门和参与部门,建立页岩气发展的部际协调机制,加强对页岩气开发工作的组织领导。

另一方面就是要进一步放开市场,目前来看,只有矿业权市场放开,仅有资源的放开是远远不够的,管网市场、工程服务市场和金融市场等都要放开。以管网为例,天然气、页岩、煤层气的主要成分都是甲烷,化学成分都是一样的,完全可以进入到一个管道,但现实却不行,究其原因就是体制问题。解决垄断等问题不是一个部门能完成的。只有建立一个高度放开的市场体系,才能促进页岩气市场的快速发展。

天然气的定价也是现实中需要解决的一个重要问题。目前来看,天然气定价总体偏低,这也是几大油气公司缺乏积极性的主要原因。页岩气虽已明确可以自主定价,但仍缺乏交易定价机制。天然气的定价机制在我国现阶段应早早谋划,这不只是国内天然气发展的需要,也是对全球天然气定价权的谋划。

页岩气是一种清洁高效的新型能源,如果政策到位,体制理顺,技术经过几年的摸索成熟以后,必将成为中国重要的能源补充。

第六节　我国页岩气勘探开发的亮点
——涪陵页岩气田诞生的主要经验

一、我国首个优质大型页岩气田正式诞生

2014 年 7 月 8—10 日,中石化提交的涪陵页岩气田焦石坝区块焦页 1 - 焦页 3 井区五峰组-龙马溪组一段的探明地质储量报告,通过了国土资源部矿产资源储量评审中心石油天然气专业办公室的评审,这是我国诞生的第一个优质大型页岩气田,是我国页岩气勘探开发历史上具有里程碑意义的重大事件,标志着我国页岩气勘探开发实现了重大突破,提前进入大规模商业化开发阶段。同时,也为中石化在该地区 2015 年建成 50×10^8 m³ 产能,2017 年建成国内首个 100×10^8 m³ 产能页岩气田,提供了资源保证。

涪陵页岩气田主体位于重庆市涪陵区焦石坝镇,属山地-丘陵地貌。这次评审通过的探明储量区为涪陵页岩气田焦石坝区块的一部分,探明含气面积 106.45 km²,提交探明地质储量 1067.5×10^8 m³、探明技术可采储量 266.88×10^8 m³、探明经济可采储量 134.74×10^8 m³。随着该气田勘探开发的深入推进,还将陆续提交页岩气储量。

涪陵页岩气田是典型的优质海相页岩气田。气田储层为海相深水陆棚优质泥页岩,厚度大、丰度高、分布稳定、埋深适中,中间无夹层,与常规气藏明显不同,具有典型的页岩气特征,与北美典型海相页岩各项指标相当。

涪陵页岩气田具有"两高""两好"的特征。一是地层压力高,天然气组分好。储气层平均埋深 2 645 m,地层压力系数为 1.55,气体甲烷含量高达 98%,二氧化碳含量低,不含硫化氢,属于中深层、超高压、优质页岩气田。二是气井产量高、试采效果好。试采单井产量高,稳产时间长。截至 2014 年 6 月 30 日,29 口试采井合计日产气 320 ×

10^4 m^3, 累计产气 6.11 × 10^8 m^3。其中, 第一口探井焦页 1HF 井按日产 6 × 10^4 m^3 定产, 已稳产一年半, 累计产气 3 769 × 10^4 m^3。

涪陵页岩气田的诞生和规模化开发, 对我国页岩气的勘探开发起到了明显的示范效应。进一步表明我国页岩气资源富集条件和页岩含气量与北美相比, 其资源潜力和储量毫不逊色; 我国也已初步掌握了页岩气勘探开发技术, 如页岩气综合评价、水平井钻井、分段压裂试气工艺等技术都已经走在了世界前列, 甚至达到国际领先水平。只要我们尊重地质工作规律和经济规律, 真正投入力量、务实工作, 我国页岩气勘探开发一定会取得重大突破和发展, 由页岩气领跑的我国非常规能源资源大开发时代就在眼前。我国页岩气资源潜力巨大, 一旦形成大规模的勘探开发, 将对满足我国不断增长的能源需求、促进节能减排、优化能源结构、保障能源安全和促进经济社会又好又快发展等都具有重大战略意义。

二、 涪陵页岩气田诞生的成功经验

涪陵页岩气田作为我国第一个提交页岩气探明储量并通过国家评审、率先形成产能的大规模气田, 走出了一条中国人自主勘探开发页岩气的新路子, 为我国页岩气勘探开发积累了宝贵的经验。

(一) 决策部署到位

中国石化涉足页岩气始于 2008 年, 首先是从页岩气基础研究开始的。2009 年, 中国石化集团成立了专门的非常规勘探处, 统一组织实施上游页岩油气勘探, 并与埃克森美孚、康菲等国际实力雄厚的公司开展页岩气勘探合作。集团主要领导高度重视并积极推动页岩气勘探开发, 2011 年 6 月明确提出: 中国石化页岩气勘探开发要走在中国前列, 要用非常规的思维实现非常规油气的快速发展, 并明确了非常规领域会战的部署和目标。中国石化在页岩油气勘探开发和研究方面敢于投入, 5 年来, 已投入数十亿元人民币, 其所属的上游企业在山东、河南、湖北、四川、贵州、重庆等地完成了 40 余口页岩油、页岩气井, 并取得了良好的勘探和研究成果。其中, 以焦页 1HF 井获得商业页岩气为标志,中国石化乃至中国页岩气开发取得了历史性突破,进入了高速发展阶段。

2014 年 3 月 1 日,中国石化与重庆市签订涪陵页岩气战略合作协议。主要领导在签字仪式上提出:中国石化作为国家能源公司,有责任、有义务在新能源、非常规油气资源领域承担更大责任,既要积极推进国家能源结构调整,为加快生态文明建设、打造美丽中国做贡献,也要积极推进地方经济社会繁荣发展。

(二)注重理论创新

2009 年 7 月,国土资源部在重庆启动了中国首个页岩气资源项目——"中国重点地区页岩气资源潜力及有利区带优选"项目,吹响了中国页岩气资源勘探开发的号角。中国石化勘探南方分公司成立了页岩气勘探项目部,正式启动了四川盆地页岩气勘探。2010 年,国土资源部设立"川渝黔鄂页岩气资源战略调查先导试验区",在以海相地层为主的上扬子川地区,包括四川、重庆、贵州和湖北省(市)的部分地区,面积约 20×10^4 km²,进行先导性试验,中石化承担了其中的"川东南、渝东、鄂西地区页岩气资源战略调查与选区"项目。2011 年,国土资源部组织开展"全国页岩气资源潜力调查评价与有利区优选"项目,中石化勘探南方分公司联合成都理工大学、浙江大学、四川省煤田地质研究院等单位共同承担了其中的"上扬子及滇黔桂地区页岩气资源调查评价与选区"项目。中石化在所承担的国家项目中,认真组织实施,主动配套经费,抽调精兵强将,历经数年,取得了显著成果,明确了四川盆地及周缘页岩气主控因素,建立了海相页岩气高产富集理论认识。

通过与北美典型页岩气形成条件对比,同时将常规油气地质与页岩油气地质进行对比研究,我国页岩气领域的专家们不断学习国外页岩气勘探开发的成功理念和经验,深入研究国内外页岩气井资料,通过开展扎实的野外调查、分析化验以及老井复查工作,开展页岩气测井模型建立及解释、地震资料综合解释、页岩气富集研究,逐渐摸清了泥页岩的发育和展布规律。以页岩厚度、有机质丰度、热演化程度、埋藏深度和硅质矿物含量为主要评价参数,优选出南方海相和四川盆地为页岩气勘探有利区。通过一系列研究和钻探评价认为:川东南地区志留系龙马溪组富有机质页岩分布面积广、厚度大、有机质丰度高、含气性好,具有良好的页岩气形成条件。自此,四川盆地页岩气勘探开始向川东南地区志留系龙马溪组聚焦,深化涪陵焦石坝页岩气藏地质研究,进一步明确页岩气藏特征和页岩气开发的重点层系作为重点,从寻找规律入手,优化页岩气微观评价预测,积极开展涪陵页岩气构造特征、层系沉积特征、地化特征的研究,在此基础上,2011 年 9 月,在焦石坝部署了焦页 1HF 井,并获得成功。总之,页岩气理论的突破、气藏认识的深化,为抓好开发试验、实现页岩气商业化开发奠定了理论基础。

(三) 攻关核心技术

涪陵焦石坝地区地表地质条件复杂,溶洞多、暗河多、裂缝多、浅层气多、地层出水,易发生井漏、井喷,针对涪陵焦石坝地区勘探程度低的情况,开展了包括水平井优快钻井技术、长水平井段压裂试气工程工艺技术以及"井工厂"钻井和交叉压裂的高速高效施工模式的协同攻关,形成了水平井簇射孔、可钻式桥塞分段、电缆泵送桥塞、连续油管钻塞等配套工艺技术。根据龙马溪组有机质类型好、孔隙发育、含气性好、可压性强的特点,改变了以往压裂的思路和做法,以树状裂缝为出发点,不断探索适合焦石坝地质特点的压裂工艺:压裂排量逐次增大,液量根据井眼规模适度增大,砂比根据地质需要合理增减,形成了"主缝加缝网"的压裂工艺理念和三段式压裂液体系、三组合支撑剂体系,有效提升了压裂质量。其中,焦页 12 - 4HF 井成功完成了 2 130 m 水平段、26 段超大型压裂,创造了国内页岩气水平井井段最长、分段数最多、单井液量最大、单井加砂量最大等新施工纪录。同时,研制并成功应用了抗 180℃ 高温低摩阻强携砂油基钻井液,实现了同一平台两井交叉钻完井作业,具备了"一台六井式"井工厂标准化设计能力,编制了 13 项页岩气工程技术标准,为页岩气经济、有效开发提供了有力的技术保障。

加强国产压裂装备和完井工具的研发制造,页岩气商业化开发的装备和工具研发取得重大进展。我国自主研制的 3000 型压裂车,代表了压裂装备技术世界先进水平,已在涪陵焦石坝地区批量投入使用。设备各项指标均达到设计要求,满足了"连续施工、大负载、长时间"的页岩气压裂需求,技术水平、安全可靠性和自动化水平大幅提升,为深层页岩气开发提供了压裂装备保障。其中,高压系统检测设备、气密封检测设备的研发生产,有效保障了施工生产。自主研发的安全泵送易钻电缆桥塞也已取得成功,并在现场试验中实现了桥塞簇射孔联作工艺,与国外水平相当,已具备工业化应用条件。该项技术彻底打破了国外专业化公司在非常规油气开发领域的技术垄断,有效降低了页岩气等非常规油气开发的成本,也为开拓非常规油气市场打造了尖端武器。

(四)优化管理模式

在涪陵页岩气田开发实践中,中国石化注重探索建立适合我国页岩气勘探开发的管理模式,由集团公司油田事业部高效协调,采取会战管理体制和机制,实行重大问题集中决策、统一协调、统一指挥,通过有效组织管理,使自身的各方面优势得以充分发挥。在勘探研究方面,由中石化勘探南方分公司、江汉油田、华东油气分公司、西南油气分公司等单位抽调精兵强将组成联合攻关团队承担科研任务,分工明确,责任清晰,成果共享,难题攻克,形成了对该区页岩气理论的新认识和开发试验的技术思路,确保了涪陵焦石坝地区勘探开发井成功率达到100%。在钻井施工方面,江汉石油工程公司、中原石油工程公司等队伍共同开展技术攻关,借鉴国内外成熟经验,摸索钻井新工艺、新流程,在钻进施工中取得了包括防漏失、防井塌等一系列技术突破。在地面工程建设方面,各单位共同研究地面工程建设方案,落实施工进度,严格按照设计方案的质量要求进行建设,实现了各项工程施工高起点、高水平推进。在试采工程建设方面,江汉油田与江汉石油工程公司、石油工程机械公司、中原石油工程公司、石油工程技术研究院及相关院校紧密配合,加快工作节奏,用最短的时间完成了土地征用、工农关系协调、试采方案编制、技术准备等工作,采取边建设边试采方式,实现了从测试到投产的无缝衔接。

涪陵页岩气田建设注重引入竞争机制,采取市场化运作模式,将资质高、业绩优、信誉好的队伍引入工区,促进了提速提效,确保了开发质量和效益。对申请进入页岩气工区施工的300多家国内外施工单位,通过建立公开、公正、规范的市场运行体系,严格按照"优胜劣汰"原则,对施工队伍整体素质进行审查,采取公开招投标、合同审核等多种措施,为240多家合格施工单位发放市场准入证。

(五)强化安全环保

中国石化在页岩气开发过程中,坚持资源开发与生态保护并重的原则,最大限度保护环境。具体从以下几点落实。一是水资源合理利用。针对页岩气开发压裂用水量较大的特点，利用当地工业园现有供水设施，从乌江提水保障压裂施工，避免影响当地生活、生产；钻井液、压裂液等做到循环利用以减少耗水量。二是最大限度降低污染。在井场建立油基钻井液回收中转站，实现了油基钻井液的完全回收、重复利用和无害化处理，有效保护了环境；钻井岩屑、污水集中回收处理，实现工业"三废"零排放。三是最大限度减少环境影响。及时完成对环境敏感目标的影响评价，并注重对生态的保护和修复；增加导管下深，封隔浅层地下水；严格区分永久占地与临时占地，施工完成后临时占地全部恢复原貌。

为了保证安全生产、保证环境和生态不受破坏，中石化勘探南方分公司在勘探初期就提出了"勘探发现是第一要务、安全环保是第一责任"等安全环保工作理念，并将这些理念体现在施工设计、承包商管理、监督检查、风险管理、应急建设、责任追究和教育培训等工作措施中，进而实现安全勘探和绿色勘探。编制了涉及安全、环保、职业健康管理，以及钻井、试气作业等多方面内容的专业技术标准。针对焦石坝地区地下溶洞众多、暗流纵横、地下水系发达且埋藏浅，是当地居民的主要饮用水源的情况，在页岩气勘探开发中，将水资源的利用和保护作为环保工作的重点。为了避免页岩气勘探开发过程中产生的废水污染地下水，在确定井位前，由专门的水文勘测队对地下 100 m 内暗河、溶洞的分布情况进行精确勘测，然后按照既能满足地质条件又能避开暗河、溶洞的要求确定井位。钻进到地下水层时，一律用清水钻进；钻过地下水层后，用套管将水层严密封固。压裂返排液则通过技术处理达标后，被重新配制成压裂液，用于下口井施工，从而实现循环利用。针对以上问题，需不断总结环保经验，全过程控制各类污染源。各施工单位对钻井、试气废物排放实行严格的总量控制，采取污水重复利用和节水减排措施，有效减少污水产生。工区所有井场按照最严格的环保标准建设污水池、清污分流沟、截水沟等设施，经过防渗承压实验后方可投入使用。

第五章

借鉴与合作：
页岩气勘探开发
对外合作

第一节　　中国页岩气勘探开发与对外合作现状

　　在全球一次能源消费结构中,天然气消费比例不断提高,已超过20%,全球将迎来天然气时代。其中非常规天然气潜力巨大。2011年全球页岩气、煤层气、致密砂岩气产量为$5\,000 \times 10^8\,m^3$,预计2030年将达到$1 \times 10^{12}\,m^3$,在全球天然气产量中的占比将由15%增加到23%,其中页岩气将由6%增加到11%。相比之下,中国天然气消费占比严重偏低,非常规天然气开发利用尚处于起步阶段。

　　随着中国经济的快速发展,国内能源需求量不断增加,石油天然气产量的增长根本无法满足需求的增长,油气对外依存度逐年攀升,预计2030年原油对外依存度将接近70%,天然气将超过40%。在加大勘探开发力度的情况下,页岩气及其他非常规油气资源有望成为石油天然气的重要补充。

一、　中国页岩气勘探开发现状

(一)国土资源部首次完成全国页岩气资源潜力评价

　　2011年,国土资源部组织27家单位对我国5个大区、41个盆地和地区、87个评价单元、57个含气页岩层段进行了勘测,完成了全国首次页岩气资源潜力评价,并于2012年3月1日公布评价结果《全国页岩气资源潜力调查评价》。该评价对全国地质资源潜力、全国页岩气可采资源潜力、层系分布、埋深分布、沉积相分布、地表条件分布、区域分布、游离区等都作了评价,并划分了三类有利区块(表5-1、图5-1)。中国页岩气可采资源量为$25 \times 10^{12}\,m^3$,少于美国能源信息署$36 \times 10^{12}\,m^3$的测算量。从省(区、市)分布上来看,资源较多的四川、新疆、重庆、贵州、湖北、湖南、陕西7个省(区)共占全国总资源量的68.87%,页岩气资源分布相对集中(图5-1)。

(二)初步估算部分盆地页岩油地质资源量并开始勘探

　　中国页岩油主要发育在中新生界陆相盆地泥页岩层系中,与页岩气在同一个层

表5-1 中国页岩气资源有利区块划分

有利区分类	分布区域	层系	省份
I类	川南、川东等	寒武系、奥陶-志留系、侏罗系	四川、湖北、重庆等
	鄂尔多斯盆地	三叠系	陕西
II类	渝东南、滇黔北、渝东鄂西、四川盆地、渝东北等	寒武系、奥陶-志留系、二叠系、三叠系	四川、湖北、重庆、贵州、云南等
	江汉、苏北、修武、萍乐盆地等	寒武系、二叠系	安徽、江西等
	辽河东部凹陷、松辽盆地等	古近系、白垩系	辽宁、黑龙江等
	塔里木、准噶尔、吐哈、柴达木盆地等	寒武系、奥陶系、石炭系、二叠系、三叠系、侏罗系、白垩系	新疆、青海、甘肃等
III类	I类、II类以外其他区域	寒武-古近系	部分省(区、市)

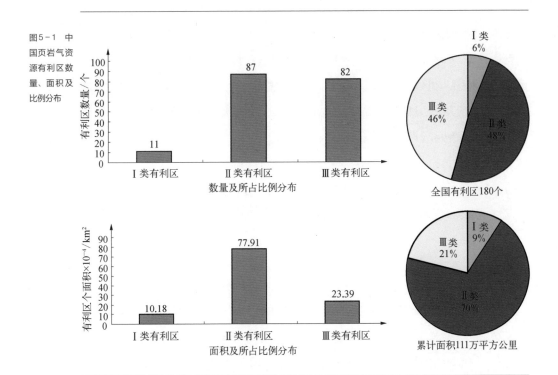

图5-1 中国页岩气资源有利区数量、面积及比例分布

位,并采用同一种勘探方法。中国发育多套湖相泥页岩层系,具有分布范围广、时代新、有机质丰度高、厚度大、埋藏浅、成熟度低、以生油为主的特点,资源潜力巨大。

2011年,国土资源部初步估算了部分盆地的页岩油地质和资源量,其中地质资源量为 152.92 亿吨。现在很多盆地已经开始开展页岩油勘探,打了将近 100 口井,总体情况较好。其中一些压力较大的井,产量很高,但总体仍处于探索阶段,成本较高。

(三) 石油公司页岩气勘探开发取得重要进展

截至 2013 年 3 月底,全国共实施页岩气钻井 83 口 (水平井 28 口),主要分布在四川、陕西、重庆等地,由中国石油、中国石化和延长石油三家石油公司参与勘探开发。

2009 年以来,中国石油以长宁、威远和昭通等区块为重点,累计投资 40 亿元,开展了地质调查、资料井钻探、地震数据采集、评价井钻探和压裂试气等工作。截至 2012 年底,中国石化已实施二维地震 4 505 km,实施页岩气钻井 26 口 (水平井 17 口),完钻 23 口 (水平井 15 口),完成进尺 8.01×10^4 m,完成投资 23 亿元。延长石油完钻页岩气井 24 口,其中直井 19 口、丛式井 3 口、水平井 2 口;完成页岩气压裂井 14 口,其中直井压裂井 13 口、水平井分段压裂井 1 口,压裂井均见页岩气流。值得注意的是,延长石油的区块都是陆相区块,与美国海相区块的地质条件完全不同,中国运用自有技术实现了页岩气的开采。目前,四川、重庆是中国的页岩气主要生产地区,中国石油、中国石化已经在该地区建设了生产示范区。

二、 中国页岩气勘查开发政策

(一) 鼓励开发利用页岩气政策

国家和有关部门高度重视页岩气发展,相继出台了关于促进页岩气发展利用的各项政策。2011 年 12 月,国务院将页岩气单独列为重要矿种。采取这项政策后,页岩气开发生产的市场机制将更为灵活,除了中国石油、中国石化、中国海油以及延长石油集团外,无论是民营的、地方的还是其他能源企业都可以进入这个领域。

2012 年 3 月 16 日,国家发改委、国土资源部、财政部、国家能源局四部委专门发布了《页岩气发展规划 (2011—2015 年)》。按照规划目标,2015 年页岩气产量将达到 65×10^8 m³。2012 年公布的《能源发展"十二五"规划》,也将加强页岩气和煤层气勘探开发列为重点发展任务。

2016 年 9 月 30 日,国家能源局发布了《页岩气发展规划(2016—2020 年)》。按照规划目标,2020 年力争实现页岩气产量 300×10^8 m³。

除了以上的规划和政策,关于页岩气开发的部委文件主要有以下几个。一是 2012 年 10 月 26 日国土资源部印发的《关于加强页岩气资源勘查开采和监督管理有关工作的通知》。该文件旨在积极稳妥地推进页岩气的勘查开采工作,充分发挥市场配置资源的基础性作用,坚持"开放市场、有序竞争,加强调查、科技引领,政策支持、规范管理,创新机制、协调联动"的原则,正确引导和充分调动社会各类投资主体、勘查单位和资源所在地的积极性,加快推进、规范管理页岩气勘查、开采活动,促进我国页岩气勘查开发快速、有序、健康发展。根据该文件,页岩气矿业权人可按国家有关规定申请减免探矿权使用费、采矿权使用费和矿产资源补偿费。紧接着,2012 年 11 月 1 日,财政部、国家能源局出台页岩气开发利用补贴政策。该政策规定,2012—2015 年中央财政对页岩气开采企业开发利用页岩气每立方米补贴 0.4 元。相比之下,煤层气的政策补贴是每立方米补贴 0.2 元,应该说,国家对开采页岩气的补贴力度还是很大的。2015 年 4 月,财政部、国家能源局发布"关于页岩气开发利用财政补贴政策的通知",以加快推动我国页岩气产业发展,提升我国能源安全保障能力,调整能源结构,促进节能减排。通知指出"十三五"期间,中央财政将继续实施页岩气财政补贴政策。具体补贴标准如下:2016—2018 年为 0.3 元/立方米;2019—2020 年为 0.2 元/立方米。

(二) 页岩气矿业权管理政策

页岩气矿业权管理政策主要有以下几方面。

(1) 合理设置页岩气探矿权。国土资源部根据页岩气地质条件、资源潜力、赋存状况等情况,划定重点勘查开采区,统筹部署页岩气勘查、开采工作,综合考虑其他矿产资源勘查、开采,组织优选页岩气勘查区块并设置探矿权。

(2) 规范页岩气矿业权管理。国土资源部负责页岩气勘查、开采登记管理,主要通过招标等竞争性方式出让探矿权。从事页岩气地质调查的单位或个人,应当依法向国土资源部申请办理地质调查证。任何单位或个人不得以地质调查名义开展商业性页岩气勘查、开采活动。

（3）规定页岩气开发准入条件。页岩气探矿权申请人应当是独立企业法人，具有相应的资金能力、石油天然气或气体矿产勘查资质；申请人不具有石油天然气或气体矿产勘查资质的，可以与具有相应地质勘查资质的勘查单位合作开展页岩气勘查、开采。鼓励社会各类投资主体平等、依法进入页岩气勘查开采领域。鼓励符合条件的民营企业投资勘查、开采页岩气；鼓励拥有页岩气勘查、开采技术的外国企业以合资、合作形式参与我国页岩气勘查、开采。

2011 年 6 月，国土资源部启动页岩气探矿权首次公开招标。本次招标，国土资源部共邀请了 6 家公司参与 4 个页岩气探矿权区块的投标，区块主要位于重庆、贵州等省市，分别为渝黔南川页岩气勘查、渝黔湘秀山页岩气勘查、贵州绥阳页岩气勘查、贵州凤冈页岩气勘查，面积共约 1.1×10^4 km²。最终中国石油化工股份有限公司、河南省煤层气开发利用有限公司获得渝黔南川、渝黔湘秀山 2 个区块。

2012 年，国土资源部进行了第二轮页岩气探矿权招标，共推出 20 个区块，总面积为 20 002 km²。本次招标首次允许中方控股的中外合资企业参加投标，共收到来自 83 家企业的 150 套合格投标文件。2013 年 1 月 21 日向这 83 家企业颁发了勘查许可证，其中包括国有企业 55 家、民营企业 26 家、中外合作企业 2 家。目前，第三批招标工作正在积极筹备中。

三、 页岩气对外合作前景

中国的页岩气资源量非常可观、资源潜力大，对外合作还处于起步阶段。我国政府和国家有关部门高度重视页岩气开发利用，积极采取开放、市场化的方式，鼓励国内企业与国外有经验的公司合作，引进页岩气勘探开发技术。目前，中国石油与壳牌、雪佛龙等几个大型国际石油公司都有合作项目。对外合作模式是多方面、多层次的，包括区块合作、工程装备合作、管网建设和运营合作、学术交流与技术合作等多种合作模式。

（一）区块合作

我国政府鼓励国外有经验的公司与中国的公司进行页岩气区块合作开发。在第二轮页岩气招标中,获得区块的企业都是非油气企业,这些企业资金雄厚但缺乏技术,都在寻找技术合作方。目前,不少企业正在与外方就区块合作进行接触,可能会按照产品分成合同的方式进行合作。今后的区块对外合作,也不一定仅仅限制在中外合资和中方控股,应该与国际接轨,让外国公司参与区块投标。

(二) 技术合作

我国已经掌握了压裂和水平井的基本技术,但在压裂力度等技术方面还不成熟。页岩气开发生产技术的专业化程度非常高,钻井、压裂液、测井技术等方面都有合作的空间。目前在中国的外国技术服务公司数量较多,仅在北京就有100多家,都准备进入页岩气开采的市场。国内企业比较倾向与资金技术实力较强的国际大公司合作,有些企业已经陆续开始了工程招标。已完成的页岩气井中,有的由中国和外国公司共同进行初期设计,由国内一方施工。

(三) 管网基础设施合作

我国页岩气资源分布零散,在局域管网和小型LNG撬装站建设方面,与外资企业合作的空间较大。有些外国公司正在与区块所在地的地方政府筹划进行区域管网建设,地方政府也很积极。这种合作方式中,管网拥有方和运营方分开,从而可以实现区域管网的真正市场化。

(四) 设备和材料

我国页岩气开发在未来会有很大的管材和其他材料需求,对设备的需求也会很大。

在引进外国公司进行合作的同时,中国的公司积极在海外参与页岩气等非常规资源的收购,走出去吸收国外经验和技术(表5-2)。

我国页岩气勘探开发刚刚起步,还存在一系列问题。

(1)体制问题。要促进页岩气的深化发展,体制改革至关重要。目前国土资源部已经放开了区块招标,但还有很多问题需要协调相关部委加以解决。

(2)环境问题。环境问题主要有以下三个方面。① 用水量大。开采页岩气的初始用水需要上万立方米,但较之于每口井30~50年的开采年限,平均年用水量并不

时　间	中国企业	外国企业	交易内容	交易额/亿美元
2010 年 10 月 11 日	中国海油	美国切萨皮克	得克萨斯的鹰滩页岩油气项目 1/3 股权	21.6
2011 年 02 月 17 日	中国海油	美国切萨皮克	丹佛-朱尔斯堡盆地(DJ 盆地)及粉河盆地油气项目共33.3%的权益	12.67
2012 年 01 月 03 日	中国石化	美国德文公司	美国内布拉斯加奈厄布拉勒等5个页岩油气资产权益的1/3	22
2012 年 02 月 02 日	中国石油	壳牌公司	加拿大的 Groundbirch 页岩气项目20%的权益	10
2012 年 12 月 07 日	中国海油	加拿大尼克森公司	收购尼克森公司100%流通的普通股和优先股	64(194)
2012 年 12 月 13 日	中国石油	加拿大能源公司	收购加拿大能源公司在阿尔伯达省的一处页岩气田的49.9%股份	22
合　计				152.27

表 5-2　中国企业海外收购页岩油气资源一览

多。② 对地下水的污染。中国的地下水层多数是在地下 300 m 左右,页岩气井一般是在 1 500 ~ 3 000 m 深,需要穿过地下水层,只要在固井、完井的过程中处理好,就不会出现地下水污染问题。③ 压裂后页岩气在空中燃烧,影响环境。美国已有气体回收的设备和技术,完全能实现绿色完井。在这方面,中美公司有很大的合作空间。

（3）对人口密集区的影响。美国已在得克萨斯大学社区建造了四个页岩气井场,能很好地解决对人口密集区影响的问题。在借鉴美国页岩气勘探开采经验和先进技术的基础上,我国提高页岩气技术水平,推进体制改革和管理水平提升,就能够顺利解决相关问题,从而实现页岩气行业的健康快速发展。

第二节　加强对外合作，促进页岩气勘探开发

当前,世界主要页岩气资源大国和地区都在加快页岩气勘探开发。我国页岩气资

源潜力较大,勘探开发还刚刚起步,需要加强对外合作来促进我国页岩气勘探开发,对此,我国政府提出了积极开展页岩气对外合作与交流的建议。

一、 国外页岩气勘探开发进展

美国是页岩气开发最早、最成功的国家。美国"页岩气革命"不仅改变了美国天然气供应格局,使该国进口天然气和 LNG 量大幅度下降,还大大提高了本国能源自给率,降低了能源对外依赖度(图5-2)。

图 5-2 1990—2035 年美国天然气供应构成变化预测情况（AEO,2011）

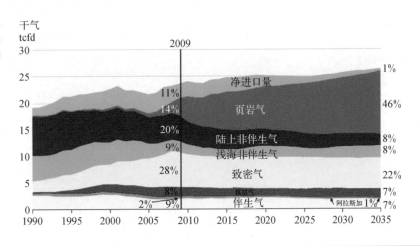

近年来,美国页岩气探明储量在不断增加,2008 年美国本土 48 个州的页岩气探明可采储量为 $9\,290 \times 10^8\ m^3$。美国已经在 20 多个盆地开展了页岩气勘探开发工作,并对其他盆地进行了资源前景调查,已经确定了 50 多个盆地有页岩气资源前景。自 2000 年以来,美国页岩气开发进展加快,已完钻页岩气井约 50 000多口。经过多年的探索实践,美国已形成了先进有效的页岩气相关技术,包括水平井导向钻进、储层压裂改造、微地震监测、CO_2驱气及节水减污等技术。在良好的市场和政策条件下,这些先进技术的大规模推广应用降低了开发成本,大幅提高了产量。

在政策、天然气价格和技术进步等因素的推动下,页岩气已成为美国最重要的非常规天然气资源。美国地质调查局(USGS)完成了大量区域性和基础性的页岩气资源的调查评价和研究工作,特别是对重点盆地和重点地区开展的页岩气资源评价,极大地促进了页岩气资源的勘探开发(图5-3)。目前,美国已经掌握了包含地层评价、气藏分析、钻完井和生产的系统集成技术,也产生了一批国际领先的专业技术服务公司,如哈里伯顿、斯伦贝谢、贝克休斯等。围绕页岩气开采,美国已形成了一个技术不断创新的新兴产业,并已开始向全球进行技术和装备输出。

图5-3 美国主要页岩气区域(EIA,2011)

数据来源:美国资源信息署根据已出版的研究数据统计
更新时间:2011年5月9日

加拿大是继美国之后世界上第二个对页岩气进行勘探开发的国家,2007年,位于不列颠哥伦比亚省东北部的区块开始投入商业开发,其后逐渐加大了页岩气的研究投入和勘探开发力度。欧洲一些国家页岩气的勘探开发已取得重大进展。目前,波兰已钻 11 口页岩气探井,并已逐步实现燃气自给,随着技术的进步,开发成本有望大幅度降低。

二、 以对外合作促进我国页岩气勘探开发的建议

我国页岩地层在各地质历史时期十分发育,形成了海相、海陆交互相及陆相多种类型富有机质页岩层系。目前,我国页岩气资源调查评价工作已取得重要进展。页岩气勘探开发还刚刚起步,我国企业已与壳牌、埃克森美孚等多家外国公司开展合作开发与联合研究。国内相关企业、科研院校也已成立专门机构,开始研究页岩气的生成机理、富集规律、储集和保存条件。国内一些石油企业正在探索页岩气水平井钻完井和多段压裂技术。我国页岩气资源管理工作也刚刚开始。针对页岩气这一新的能源资源,国土资源部制定了页岩气资源管理工作方案,进一步明确了页岩气资源管理的思路、工作原则以及主要内容和重点等。

与美国相比,我国页岩气勘探开发起步晚、差距大。针对我国现阶段页岩气勘探开发面临的问题,要借鉴国外发展页岩气的先进经验,结合我国实际,加强对外合作交流,寻找加快我国页岩气勘探开发和利用的路径。

(1)对外开放页岩气矿业权市场。在鼓励国内具有资金、技术实力的多种投资主体进入页岩气勘探开发领域的同时,允许国外企业以合资、合作等方式参与中国的页岩气勘探开发,或者以提供专业服务等方式参与我国页岩气投资开发。

(2)积极开展页岩气对外技术合作。加强页岩气国际合作与交流,积极引进国外页岩气开发先进技术。继续跟踪美国页岩气勘探开发技术进展。在页岩气勘探开发初期,鼓励与国外有经验的公司合作,引进实验测试、水平钻井、测井、固井和压裂等技术,鼓励建立长期合作关系并联合攻关。

(3)建立和加强政府间页岩气合作与交流机制。在中美页岩气合作备忘录的框架下,建立政府间交流机制,不断扩大合作交流范围,重点搭建企业、科研院校国际合作平台,建设科技攻关联盟。同时,还要通过技术引进、联合攻关、引进人才和委托培养等多种方式,快速提高我国页岩气技术水平。

第三节　美国页岩气考察情况

2010 年 12 月 9—15 日,应美国能源部、斯伦贝谢公司和犹他大学的邀请,国土资源部成立考察团赴美国,对页岩气勘探开发情况进行了为期 6 天的考察。

一、考察概况

这次考察,是国土资源系统第一个赴美全面系统考察页岩气的团组,是一次专业性很强的业务交流,得到了美方的高度重视,考察活动取得了圆满成功。

(1)访问美国能源部和内政部。美国能源部有关部门负责人介绍了美国页岩气发展的历史和趋势、页岩气政策和水环境管理、页岩气勘探开发的经验教训、水平井和多段压裂等页岩气成功开发的关键技术,并对近十年来美国页岩气的生产和消费情况进行了分析。同时,表达了与中国加强页岩气合作的愿望。内政部土地管理局重点介绍了与页岩气相关的联邦土地和矿产资源管理、土地利用规划、土地租赁、钻井许可、监督检查、环境评价和监督、土地恢复整治以及人员培训等。

(2)考察斯伦贝谢公司(Schlumberger)休斯敦总部。斯伦贝谢公司是目前全球最大的油气技术服务商,是世界 500 强企业,在世界各地设有 23 个技术研发中心,在 80 多个国家设有技术服务机构。该公司与我国中石油、中石化和中海油等企业在油气勘探开发方面已有 30 年的合作经历,在页岩气领域掌握着最先进的技术。斯伦贝谢公司休斯敦总部负责人和专家重点介绍了页岩气特征、油藏描述、地质导向井钻井、综合研究和数据整合技术;高勘探和低勘探区页岩气资源评价方法技术和应用实例;钻井、测井、完井技术和多参数成像测井技术在提高钻井成功率和提高产量方面的作用等。随后,参观了该公司的两个独立技术研发中心,现场考察了钻井测试仪器设备生产加工车间。

(3)考察斯伦贝谢公司克里本生产基地。克里本是斯伦贝谢公司在得克萨斯州的 6 个生产基地之一,有 100 余名员工,5 个压裂组和 3 个固井组。考察团重点参观了该基地的现场控制室、实验室、压裂用化学品和压裂砂仓库;考察了页岩气水平井压裂现场,对整个现场管理、生产流程、工程质量监控、设备维修和检测、现场样品测试、参数指标等进行了详细的了解和咨询。在斯伦贝谢公司的安排下,考察团还考察了其服务客户切萨皮克公司的钻井现场,对页岩气水平井的钻井设计、钻井工艺、钻井自动检测和控制以及钻探设备等进行了较为详细的了解。

(4)考察斯伦贝谢公司盐湖城创新中心(TerraTek)。斯伦贝谢公司盐湖城创新中心长期从事油藏描述,特别是在页岩的非均质性分析评价、岩石力学的测试分析、页岩高温和高压测试分析以及连续性岩心强度测试(刮擦测试技术)、测试仪器设备的研发制造等方面具有明显的优势。考察团一行重点考察了岩心分析、岩石力学参数测试、压裂模拟等实验技术和设备以及利用井测和实验室数据整合,分析评价页岩非均质性和储层、完井质量及井下微地震监测技术;探讨了页岩矿物成分、结构对页岩非均质性的影响以及建立盆地模型,指导页岩气资源调查评价的情况。

(5)考察阿纳塔克公司(Anadarka)钻井施工现场。正在施工的水平井设计井深约4 000 m,水平段进尺1 500 m,分15段进行大型水力压裂,工程费用约900万美元。钻井工程自行施工,测井、固井、压裂等工程委托专业服务公司完成,单井产量约(20~30)×10⁴ m³/d。所占用土地采取租赁形式,与土地所有者签订协议,产生收益的20%归土地所有者,80%归公司。

(6)访问美国犹他大学能源与地球科学研究院(EGI)。犹他大学能源与地球科学研究院是以非常规油气资源研究为重点的科研机构,共有来自80个国家的120多名研究人员。由该院发起和组织的油气协会,共有全球70多个石油公司和科研单位参加,会员单位每年缴纳4.6万美元,享有免费索取会员单位的资料、数据库使用、人员培训、实验测试、参加年度会议等会员权利。考察团与该院签订了合作意向框架协议。

二、 收获和体会

(一)美国政府在全球倡导发展页岩气,积极与我国家能源局进行多方面的合作

美国是页岩气开发最成功的国家。近年来,美国政府通过推广页岩气开发成功经

验和先进技术,试图引领世界页岩气开发,进而主导世界新能源开发和产业发展,从而寻求新的经济增长点,以达到巩固其世界经济地位的战略目的。2010 年 8 月下旬,美国国务院在华盛顿召开了"全球页岩气倡议大会",来自 19 个国家的近 60 名政府代表出席了会议。

美国能源部与我国家能源局,于 2009 年 4 月在北京举办了中美页岩气培训班,6 月组成中美页岩气工作小组,9 月中旬在得克萨斯州举办以页岩气为主题的第 10 届中美石油和天然气工业论坛,11 月选择我国辽河盆地东部合作开展页岩气资源联合评价和研究等。

(二)美国政府在国内主导和推动页岩气勘探开发,各部门分工明确

美国政府将页岩气作为增强国家能源安全的重要资源,由其主导和推动页岩气产业发展。美国政府由多个部门按职责分工,管理国内页岩气勘探开发,具体分工如下。

能源部负责制定非常规资源开发规划和激励政策,对页岩气、煤层气、致密砂岩气予以适当补助,资助关键技术研发,联邦政府出资设立了 30 多个开发关键技术研发项目。

内政部负责油气矿业权管理和联邦土地上对页岩气勘探开发的监管,包括勘查区块租赁、环境评估、开发许可、环境监察等。

商务部负责页岩气开发投资环境等相关问题,包括市场开放、合同制度、法规政策、基础设施的可用性和气价等。

贸易发展署负责对全球其他国家页岩气开发的支持、资助,包括直接的经费、技术培训、试点开发等。

环保署负责与页岩气开发相关的环境问题,包括地面环境影响评估和监管、水问题(水处理与循环、水的处置等)、生态保护等。

联邦能源监管委员会负责管网设施建设管理,包括管线建设的许可审查、监管及集输系统、处理厂、管线建设规划等。

地质调查局负责页岩气地质与资源评价和富集区圈定,包括资源潜力评价、盆地分析、资源评价、富集区(甜点)圈定等。

(三) 开放的竞争环境和健全的市场监管为美国页岩气开发提供了良好的体制保障

美国页岩气勘探开发准入门槛低,勘探开发主体多元化,凡符合开办条件的企业均可从事页岩气勘探开发。目前,美国页岩气开发已形成大中小石油企业并存发展的市场竞争格局。大批中小型企业投资页岩气开发,在页岩气发展初期,率先在页岩气开发中采用水平井压裂增产技术,并获得了成功,发挥了自身优势,在推动美国页岩气开发中起到了重要的作用。由于美国页岩气产量快速增长,受气价因素和企业间的并购影响,页岩气开发企业数量经常发生变化,即使是政府主管部门也难以掌握。美国页岩气开发过程中,中小型企业发挥的作用不可低估。

美国政府比较重视页岩气勘探开发中的监管和水问题。凡与页岩气勘探开发相关的管理部门,均在其履行的职责中赋有监管职能,这种分工明确且有效的行业监管也是美国页岩气开发取得成功的重要因素之一。在页岩气开发中,通常一口水平井完成压裂需要近 $(1.2 \sim 1.8) \times 10^4 \ m^3$ 的水,压裂液回返率一般在 40%~60%。为此,美国对水的可获得性、水处理和处置,以及对地面淡水的影响和生态环保都提出了严格的要求,并通过严格的监管加以落实。

(四) 掌握核心技术,实行专业化服务,促进页岩气的低成本高效开发

美国政府于20世纪70年代就设立专项资金用于页岩气的基础理论研究和开发关键技术攻关,率先在世界范围内成功研发了水平钻井和多段压裂技术并加以大规模应用,从而直接促进了页岩气的商业开发。目前美国已有四万多口页岩气生产井,单井产量和增产效率逐年提高。过去10年,美国页岩气产量增加了8倍,2009年美国页岩气产量近 $900 \times 10^8 \ m^3$,占美国天然气总产量的15%;2010年,美国页岩气达到 $1\,210 \times 10^8 \ m^3$,大大超过我国天然气产量;2013年,达到了 $3\,025 \times 10^8 \ m^3$,已占美国天然气总产量的1/3。

美国油气专业服务公司具有很强大的技术优势,所掌握的页岩气勘探开发核心技术更为突出且门类齐全,专业化程度非常高。石油企业以利润最大化为目标,不搞大而全,水平钻井、完井、固井和压裂等工程以及油藏描述、岩心测井、实验测试等一般都选择和委托专业技术服务公司完成。斯伦贝谢公司就是在美国乃至全球最具实力的

专业技术服务公司之一。

三、 几点建议

（1）制定规划和政策措施，主导全国页岩气资源战略调查和勘查开发工作，并与国家能源局协调配合。鉴于页岩气是一种新型能源资源，国土资源部作为资源主管部门，应组织编制全国页岩气资源战略调查和勘查开发规划，明确定位、目标和重点，结合实际提出具体政策措施。同时，与国家能源局密切配合，积极参与《中美关于在页岩气领域开展合作的谅解备忘录》框架下的各项工作和相关活动，并在其中发挥资源管理的作用和优势。

（2）加快页岩气先导试验区建设，力争取得突破和重大进展。国土资源部组织实施的川渝黔鄂页岩气资源战略调查先导试验区经过一年的建设，已取得阶段性成果。在总结经验的基础上，根据我国页岩气资源分布和类型，适时设置下扬子皖浙苏、东北陆相和华北海陆交互相的先导试验区建设，为开展全国页岩气资源战略调查和潜力评价起到先导示范作用。

（3）设立页岩气资源战略调查国家专项，开展全国页岩气资源战略调查和潜力评价。在先导试验区工作的基础上，经充分论证，向财政部申请设立页岩气资源战略调查和勘查国家专项。2011年开始，部署和组织实施全国页岩气资源战略调查和潜力评价，力争两年内摸清我国页岩气资源"家底"，优选出一批有利目标区，形成基础性的重要成果。目前，有关我国页岩气资源"家底"情况已基本调查清楚，相关潜力评价已在有序开展中。

（4）加强页岩气勘查开发管理，创造开放的竞争环境。开展页岩气探矿权招标，推进页岩气勘查开发投资主体多元化，给予页岩气与国内煤层气勘查开发一样的投资主体地位，允许具备资质的地方企业、民营资本等，通过合资、入股等多种方式参与页岩气的勘查开发。此外也可独立投资，直接从事页岩气勘查开发。加强页岩气勘查开发管理还要加强市场监管，维护勘查开发秩序，形成合理有序的竞争格局，加快突破，最终促进页岩气高效勘查开发。

（5）加强页岩气国际合作与交流，积极引进国外页岩气开发先进技术。继续跟踪美国页岩气勘探开发技术进展，引进和消化页岩气勘探开发技术。在页岩气资源战略调查和勘查开发初期，可考虑与斯伦贝谢公司等国外有经验的公司合作，引进实验测试、水平钻井、测井、固井和压裂等技术。在学习借鉴的基础上，开展页岩气开发核心技术、工艺的研发和联合攻关。

第四节　美国页岩气开发的经验与教训

美国是页岩气开发最早、最成功的国家。1981 年，美国第一口页岩气井压裂成功，这标志着页岩气开发技术的突破。但是，其快速发展是在进入 21 世纪后，随着水平井完井、储层分段压裂技术的成功应用，才使得页岩气产量迅速增长，美国页岩气产量由 2000 年的 $122 \times 10^8 \ m^3$，增长到 2014 年的 $3\,400 \times 10^8 \ m^3$，而我国"三桶油"2014 年的天然气总产量也才仅为 $1\,329 \times 10^8 \ m^3$，2015 年美国页岩气产量已达到 $4\,300 \times 10^8 \ m^3$。据美国能源信息署最新预测，页岩气将成为美国未来天然气增产的主要来源，2030 年将占其天然气总产量的近一半。

2015 年，加拿大页岩气产量约为 $200 \times 10^8 \ m^3$。波兰、德国、奥地利、捷克、匈牙利、西班牙、土耳其、印度、印尼、澳大利亚、阿根廷、哥伦比亚、委内瑞拉、南非等 30 多个国家也在积极开展页岩气勘查开发。但也有一些国家基于环保等因素或从本国能源战略考虑，对页岩气开发持谨慎态度。

总体上看，随着美国页岩气勘查开发技术不断取得突破，已引发其他国家页岩气勘查开发的热潮，国际石油资本也陆续开始加速进入页岩气领域，全球页岩气勘查开发呈现积极发展态势，这一态势将对全球能源供应结构、格局以及地缘政治产生重大影响。

一、美国页岩气勘查开发的主要经验

美国页岩气的成功开发，使其成为全球天然气第一大生产国。美国页岩气的产业化、规模化发展,得益于以下几个方面的关键因素。

(1)竞争开放的开发体制。美国页岩气勘查开发准入门槛低,勘查开发主体呈现多元化,目前有数千家公司。美国页岩气的勘查开发最初是由中小公司推动的,中小公司在率先取得技术和产量突破后,大公司则通过收购和兼并中小公司参与进入页岩气领域,从而形成了大中小企业并存发展的市场竞争格局。联邦政府一般每年举行4次页岩气区块招标,通过竞争获得勘查许可。

(2)有效务实的示范工程。1978—1986年,美国政府组织实施了页岩气、致密砂岩气、煤层气、水溶气四大非常规天然气工程。其中,页岩气示范工程最为成功,开展的基础理论研究和关键技术攻关成效明显,确定了东部盆地页岩气储层地质构造、成藏条件,估算了页岩气可采资源量和地质储量,取得了定向钻井、氮气泡沫压裂、微地震监测等关键核心技术的突破,建立了庞大的、开放共享的美国东部页岩气数据库,从而直接推动了页岩气开发技术创新和商业化应用,为美国页岩气的蓬勃发展奠定了坚实的技术基础。

(3)不断创新的开采技术。美国页岩气开采技术继续在全球领先。2011年世界石油十大科技进展有4项是页岩气,而且都出自美国。目前,最核心的水平井技术已进入以先进旋转导向系统为代表的二代技术时代,最受公众关注的压裂液污染问题也已开始采用食物添加剂、低毒的阻垢剂和可降解的戊二醛混合剂,使用安全,用量少。美国超前的科技研发理念使其在页岩气及其他竞争领域占据了制高点。

(4)专业配套的技术服务。美国页岩气服务公司专业化程度高、自主研发能力强,技术优势明显。目前已形成水平钻井、完井、固井和分段压裂等工程以及测井、实验测试等一整套的专业化技术服务体系,从而有利于规模化和集成作业,大大降低了开发成本。

(5)健全有效的监管体系。美国政府高度重视页岩气勘查开发的监管,从区块到井口、从钻井设计到施工作业、从取水用水到环境保护,实施全程精细化监督管理,建立了一套严格的监管体系,对违规者严厉处罚,从而保障了页岩气勘查开发有序快速发展。

(6)鼓励优惠的政策扶持。1978—1992年,美国联邦政府对页岩气开发实行长达15年的补贴政策;州政府也出台了相应的税收减免政策;页岩气价格完全放开。这些措施极大地鼓励了中小企业的钻探开发投资,有力地扶持和促进了美国页岩气勘查开发。

(7) 完善的基础设施。美国天然气管网总长达 50×10^4 km,大大减少了页岩气在开发利用环节的前期投入,降低了市场风险。同时,实行天然气开发与运输全面分离,运输商对页岩气供应商实行无歧视准入政策。

(8) 强大灵活的金融支持。围绕油气开发,美国已形成了体系庞大且运作成熟、灵活的金融服务体系。页岩气勘查开发需要巨额资金投入,美国开发商可以在不同阶段实现快速融资。如在风险勘探阶段主要靠股权融资;在勘探完成投产并有一定产量后,债权融资是主要方式,企业可获得银行授信、定期银行贷款,并发行债券。项目融资也是一个重要的方式,对当期没有现金流的公司可以获得长期贷款,页岩气的项目融资可以占到公司总资本投入的 60%~80%,甚至 100%;企业还可以储量作为担保,向银行申请储量资源贷款,贷款利率很低,与基础利率相当。

(9) 高效统筹的协调机制。2012 年 4 月,美国成立了副部级的非常规天然气协调小组,挂靠能源部,由内政部、环保署等与页岩气相关的部委组成,统一协调美国国内页岩气开发和页岩气国际合作事务。

二、 美国页岩气发展带来的影响

(一) 对美国国内的影响及带来的变化

据美国天然气协会统计,从 1999 年到 2011 年,美国页岩气产量增加了 15 倍以上。页岩气供应激增导致美国国内天然气价格大幅下降,仅为欧洲和亚洲天然气价格的 1/3 和 1/8。在国际金融危机的冲击下,页岩气复苏了美国的传统重化工业,成为美国新的经济增长点。一是重化工业及制造业复苏,就业率上升。美国借助低廉的价格和成本优势,重化工和制造业的竞争力迅速增强,投资大量增加,国外公司纷纷在美国投资建厂,美国化工厂开工率已由 4 年前的不到 60%,上升到当时的 95% 以上,创造了大量直接或间接的就业机会。低廉的气价促使电力价格下降,钢铁、汽车、材料等制造业因此获得新的成本优势,正在从衰退中缓慢复苏。二是交通领域开始以气代油,减少汽车尾气排放。使用天然气作为交通燃料,比柴油或汽油汽车百公里燃料成本降低了30%~40%,可减少20%~30%的二氧化碳排放量,促使美国将以每年超过9%的速度增加天然气汽车,这也为美国应对气候变化和气候谈判争取了主动权。三是天然气开始出口,国际竞争力提高。由于产量和价格降低,美国正在建设6个LNG出口终端,将于2017年开始出口天然气。四是由页岩气转向页岩油开发,减少石油对外依赖。因页岩气供大于求,使投资开始转向具有同样地质条件和类似技术要求的页岩油开采,使得美国原油产量在连续30年下降后从2009年起开始反升,石油对外依存度逐年下降。

(二)对国际上的影响

美国页岩气的成功开发引发了"页岩气革命",使美国对国际能源市场和全球地缘政治产生了重大影响,使其在全球战略中掌握了攻防兼备的"能源武器"。页岩气使美国逐步摆脱了对中东石油的依赖,全球能源生产格局重心将加快从中东向西半球转移。在油气消费上,亚太的重要性进一步上升。以美国为出口市场的传统油气出口国将寻找替代市场,国际油气消费市场重心将加快从欧美向亚太东移。美国在国际能源事务中的话语权不断增加,正在力求主导全球天然气定价。由于页岩气产量的快速增加,美国减少了天然气进口,甚至开始出口LNG,这使美国在国际能源领域占据了主动,正在谋划掌握全球天然气定价权,进而成为全球新的天然气定价中心。

页岩气使美国能源自给率增强,从而免受中东和俄罗斯等油气生产国的"能源勒索",有效制约了俄罗斯和伊朗、委内瑞拉等国家开展的能源外交。以美国为出口市场的传统油气出口国无奈将寻找替代市场。由于页岩气比煤炭和石油更为清洁、高效和低碳,可能推动美国对气候变化立场进行调整,利用减排来遏制中国、印度等发展中新兴大国的崛起。

三、 美国页岩气勘查开发中遇到的问题

(1)页岩气资源潜力变化大

2007年,美国预测世界页岩气可采资源量为456×10^{12} m³。2011年,又预测为

187×10^{12} m³,其中,美国为 24×10^{12} m³。2012 年美国又将其页岩气可采资源量下调为 13.64×10^{12} m³,比 2011 年的预测数据下调了 40%。其中,对美国著名的马塞勒斯地区页岩气可采资源量的数据从此前的 11.6×10^{12} m³ 下调到 3.99×10^{12} m³。但美国没有下调未来 20 年页岩气产量的预测数据。

(2)页岩气开发用水量大

水力压裂需要消耗大量水资源。每口页岩气井水平井的平均用水量为 1.5×10^4 m³,最多可达 3×10^4 m³。在缺水地区,页岩气开发成本高,受到一定的制约。

(3)页岩气开发中的环保问题受质疑

页岩气开发过程中由于操作不当,可能污染地下水、导致甲烷泄露、引发地震等,由此引起环保主义者的质疑。页岩气开发中遇到的问题在常规油气开发中也比较常见,通过合理操作和加强监管,与页岩气相关的环境风险是可以控制的。过去十多年,美国页岩气开发并没有出现上述问题,尚未给环境带来明显的负面影响。

(4)页岩气盈利水平不确定

页岩气为低品位油气资源,单井产量低、产量递减快,维持页岩气产量,需要不断打井,页岩气开发井数量远远超过常规油气田的开发规模。页岩气开发与常规油气相比,虽然勘探成本低,但开发成本较高。美国因页岩气产量快速增长,使天然气供大于求,气价长期处于低迷状态,低于投资者预期,导致承受能力低的企业处于亏损边缘甚至已经开始亏损,页岩气开发商的盈利水平和能力难以确定。

第六章

愿景与宏图：中国页岩气勘探开发前景

第一节　未来我国页岩气发展的"底气"

2016 年 9 月 30 日,《页岩气发展规划(2016—2020 年)》(以下简称《规划》)正式公布。《规划》提出,在政策支持到位和市场开拓顺利的情况下,我国力争 2020 年实现页岩气产量 300×10^8 m^3,2030 年实现页岩气产量 $(800 \sim 1\,000) \times 10^8$ m^3。

按照目前我国页岩气区块开发进展,2020 年的产量目标可以实现,甚至偏保守。我国页岩气探明地质储量 $5\,441.29 \times 10^8$ m^3。全国页岩气矿业权 54 个(包括增列),共 17×10^4 km^2。这是我国未来发展页岩气的基础和前沿"阵地"。

一、资源评价选甜点

早在 2004 年,国土资源部就开始跟踪国外页岩气研究和勘探开发进展,在国内一直致力于页岩气的资源调查评价工作。2011 年 3 月 1 日,国土资源部发布了我国页岩气潜力调查及有利区优选成果,对我国页岩气资源有了一个基本认识——全国页岩气地质资源潜力为 134.42×10^{12} m^3(不含青藏区),可采资源潜力为 25.08×10^{12} m^3(不含青藏区)。根据 2015 年国土资源部评价最新结果,全国页岩气技术可采资源量 21.8×10^{12} m^3。其中海相为 13×10^{12} m^3,海陆过渡相为 5.1×10^{12} m^3,陆相为 3.7×10^{12} m^3。

选择四川盆地及周边包括四川、重庆、贵州和云南、湖南、湖北部分地区的行政区划面积约 45×10^4 km^2 范围为重点区域,建设我国的页岩气特别试验区,全区探矿权面积约 34×10^4 km^2,根据评价结果,地质资源量为 65×10^8 m^3,可采资源量为 10×10^{12} m^3。如果页岩气特别试验区建起来,在该区进一步加强页岩气资源调查评价,落实页岩气技术可采资源量,优选出"甜点区",提高页岩气资源探明程度,提供可进一步优先勘探的目标靶区,到 2020 年我国页岩气产量可达 $1\,000 \times 10^8$ m^3。

二、 体制创新先试点

《页岩气发展规划(2016—2020 年)》其中一个原则就是坚持体制机制创新。总结涪陵、长宁-威远、昭通、延安等国家级页岩气示范区建设,以及两轮页岩气矿业权出让招标和页岩气勘探开发环境监管及合资合作等试点经验,不断创新体制机制。重点是竞争出让页岩气区块,完善页岩气区块退出机制,加快优质区块矿业权动用;放开市场,引入各类投资主体,构建页岩气行业有效竞争的市场结构和市场体系;增加页岩气投资,降低开发成本;鼓励合资合作和对外合作,完善和推广页岩气多元投资模式,探索和改善企地共赢机制;积极培育页岩气技术服务和装备研发制造等市场主体;建立页岩气技术交流合作机制,完善页岩气市场监管和环境监管机制。

三、 科技攻关有重点

技术是制约我国页岩气发展的一个重要因素。页岩气的关键技术是压裂和钻井水平井技术。虽然目前我国在页岩气水平井压裂技术方面与美国相比还有一定差距,但针对页岩气的开发已经具备了一定的技术基础。我国的常规油气勘探开发有着60多年的历史,其技术水平在世界上是领先的。在我国所有的油气产量中,30% 的产量来自致密砂岩油气,我国生产致密砂岩油气的技术水平在国际上是领跑的,而生产致密砂岩油气的关键技术就是压裂。这无疑为页岩气勘查开发技术的攻关进行了一定程度的储备。

虽然我们拥有致密砂岩油气的压裂技术,这为页岩气的勘查开发奠定了基础,但由于我国储存页岩气的地质状况相当复杂,针对我国页岩气分布状况的开采技术尚处于初级阶段,需要加以研究和攻关,最终要形成一个统一的、具有中国特色的技术体系。

《页岩气发展规划(2016—2020 年)》提出要立足我国国情,紧跟页岩气技术革命新趋势,大力推进科技攻关。明确将页岩气储层评价、水平井钻完井、增产改造、气藏工程等勘探开发技术作为攻关重点,以加速现有工程技术的升级换代,有效支撑页岩气产业健康快速发展。同时,特别提出将页岩气地质选区及评价技术、深层水平井钻完井技术、深层水平井多段压裂技术、页岩气开发优化技术、页岩气开采环境评价及保护技术等6项技术作为今后一个时期深入研究的重点。

国家加大页岩气科技攻关支持力度,设立了国家能源页岩气研发(实验)中心,在"大型油气田及煤层气开发"国家科技重大专项中设立"页岩气勘探开发关键技术"研究项目,在"973"计划中设立"南方古生界页岩气赋存富集机理和资源潜力评价"和"南方海相页岩气高效开发的基础研究"等项目,广泛开展各领域技术探索。中国石化、中国石油等相关企业也加强各层次联合攻关,在山地小型井工厂、优快钻完井、压裂改造等方面进行技术创新,并研制了3000型压裂车等一批具有自主知识产权的装备。通过"十二五"攻关,目前我国已经基本掌握3 500 m以浅海相页岩气勘探开发主体技术,有效支撑了我国页岩气产业健康快速发展。

美国的页岩气发展比中国的时间长,经验丰富,但他们的技术遇到中国复杂的地质条件也会出现"水土不服"的现象。总之,美国的许多经验可以为我们所借鉴,但也要区分开来,他们的技术未必能够适应中国的地质条件,我们最终要建立起自己的技术体系。

第二节　实现中国页岩气发展的必由之路
——对建立国家页岩气特别试验区的思考

中国页岩气资源调查评价始于2004年,页岩气勘查开发起步于2009年,经过多年的不懈努力和扎实工作,已初步摸清了资源家底,勘查开发技术已基本实现国产化,取得了重大突破。石油企业已率先在四川盆地探明首个千亿立方米整装页岩气田,已进入规模化开发阶段,成为全球除北美以外地区率先生产页岩气的国家。页岩气开发开局良好,必须顺势加大推进力度。然而,发展页岩气是一个系统工程,涉及方方面面。现阶段,在中国发展页岩气已不是哪个部门、省市政府、企业所能统筹协调和整体推进的。必须从国家层面进行顶层设计和全面推动。笔者认为,在页岩气勘查开发已经取得成效的四川盆地及周缘地区建立第一个国家页岩气特别试验区(以下简称特区),这是实现中国页岩气跨越式发展的重要途径。

一、 中国页岩气发展状况

近年来,页岩气作为一种清洁、高效的新型能源资源,得到了党中央、国务院的高度重视,国家有关部门和地方政府大力推动,石油等相关企业持续投入,社会各界广泛关注,呈现了良好的发展势头。美国自 20 世纪 70 年代开展页岩气勘查开发技术攻关,直到实现技术突破和快速发展,先后探索了 30 年,而我国自开始勘查开发到取得突破仅用了 5 年时间。

(一) 勘查开发取得重大突破

2011 年底,国土资源部组织完成了全国页岩气资源潜力调查评价,在此基础上,截至 2014 年底,全国共设置页岩气探矿权 54 个,面积 17×10^4 km²;累计投资 230 亿元,钻井 780 口,其中包括 150 余口水平井在内的开发试验井 400 口;累计完成二维地震 $21\,818 \times 10^4$ km,三维地震 $2\,134$ km²。获得三级地质储量近 $5\,000 \times 10^8$ m³,提交探明地质储量 $1\,067.5 \times 10^8$ m³,形成年 15×10^8 m³ 产能,建成超 200 km 的输送管道。2014 年页岩气产量 13×10^8 m³,2015 年达到了 45×10^8 m³。

中石化在重庆涪陵焦石坝,获得三级储量近 $2\,500 \times 10^8$ m³,成为第一个提交页岩气探明储量并通过国家评审、率先形成产能的大规模气田,2014 年产量达 10.8×10^8 m³。中石油在四川长宁、威远等地区实现勘查开发突破,获得三级储量达 $2\,000 \times 10^8$ m³。延长石油在鄂尔多斯盆地陆相地层 30 多口井钻获页岩气流;中石化在川西和川东北陆相地层分别钻获页岩气流;中国地质调查局在柴达木盆地陆相地层也钻获页岩气。国土资源部先后通过两轮招标方式出让 21 个页岩气区块,引入除石油公司以外的 17 家投资主体,已投资 25 亿元以上,多数区块完成二维地震,少数区块完成施工探井,在重庆南川、黔江、城口,贵州岑巩,湖南龙山,河南中牟等地获良好的含气显示,勘查工作正在稳步推进中。

（二）页岩气地质理论和技术日趋成熟

通过学习借鉴国外经验,根据中国地质特点,创立了中国页岩气形成与富集地质理论,揭示了高过成熟度海相、中低成熟度陆相及广泛分布的海陆过渡相页岩气富集机理,形成了具有中国特色的页岩气地质理论。创新性地提出了中国页岩气地质分区,创建了页岩气富集地质模式,建立了页岩气资源评价方法和参数体系。形成的页岩气地质理论对中国页岩气勘查开发起到了重要的指导作用。

目前,中国已基本掌握了页岩气地球物理、钻井、测井、完井、压裂改造等技术,具备了3 500 m以浅水平井钻井及分段压裂能力,水平井水平压裂最多22 段,最长2 130 m,少数页岩气钻井深度超过5 000 m。水平井优快钻井技术、长水平井段压裂试气工程工艺技术以及"井工厂"钻井和交叉压裂的高速高效施工模式以及水平井簇射孔、可钻式桥塞分段、电缆泵送桥塞、连续油管钻塞等配套工艺技术处于国际领先水平。水平井成本不断下降,施工周期不断缩短,单井成本从1 亿元下降到(5 000～7 000)万元,钻井周期从150 天减少到70 天,最短46 天。

（三）技术服务和装备制造基本实现国产化

目前我国页岩气工程技术服务水平不断提高,各类页岩气技术服务队伍已达数百家。通过采取多种方式引进国外技术人才,学习和借鉴国外先进技术,以及工程技术作业等对外合作方式,形成了从页岩气资源调查评价到勘查开发,再到集输配送等全链条的技术服务体系。

页岩气勘查开发技术及装备基本实现国产化,已成为全新的经济增长点。我国自主研发的3000 型压裂车等装备已投入生产应用,钻机及压裂车等装备代表了世界先进水平。自主研发的安全泵送易钻电缆桥塞,打破了国外专业公司在非常规油气开发领域的技术垄断,有效降低了页岩气的开发成本。

（四）政府部门强力支持

2009 年以来,国土资源部、发展改革委、财政部、商务部、科技部、环保部、国家能源局等部委,在页岩气资源调查评价、设置新矿种、勘查区块招标、制定发展规划、鼓励外商投资、实行财政补贴、引导产业发展、标准规范制定、建设示范区、推进科技攻关、环境监管等方面做了大量卓有成效的工作。这些工作是以改革促进市场开放，激发了社会投资热情，激活了勘查开发市场，对中国页岩气的发展起到了积极的促进作用。

地方政府积极提前谋划，主动服务，为页岩气勘查开发营造了良好的投资环境。重庆、四川、贵州、湖南等省市政府立足实际，组织开展页岩气资源调查评价、制定发展规划，在组建专业公司、投融资和参股、装备制造加工、基础设施建设、运输和应用等方面培育新的经济增长点，逐步形成新的产业。页岩气富集地区的市县政府也高度重视页岩气开发利用工作，将页岩气勘查开发作为本地经济发展的重点，在道路、用地、用水和环保等方面给予大力支持，有力地推动了当地页岩气的发展。

总体上看，中国页岩气发展势头良好，但仍存在许多问题，主要有以下几个方面。

(1) 缺乏顶层设计。美国由五个部门组成了非常规油气领导小组，统筹协调页岩气工作。而中国至少有九个部门涉及页岩气勘查开发和综合利用活动，但目前还没有统筹协调的组织机构，尽管各部门和地方政府都很积极努力，却是各自为战，政策分散相互不协调。总之最主要的问题就是缺少国家层面的顶层设计和综合性页岩气发展工作方案，整体发展思路、目标任务和政策措施尚不明确。

(2) 区块投放和投入少。目前我国页岩气开发仅局限于三个石油企业在四川和鄂尔多斯盆地的几个点上，尽管石油企业在原有的石油天然气区块增列了部分页岩气探矿权，但勘查投入不大，难以形成规模储量和产量，尚有大面积的页岩气富集区还没有开展工作，且相关资料也不能实现共享。招标区块投放少且工作程度低，大中型国有能源企业和包括民营企业在内的社会资本等待进入页岩气勘查开发领域。

(3) 现有示范区分散重复。为加快页岩气勘探开发，国家能源局先后批准建设四川长宁-威远、重庆涪陵、陕西延安国家级页岩气开发示范区；国土资源部先后批准建设贵州黄平、陕西延安、重庆涪陵页岩气综合开发利用示范基地和黔北页岩气综合勘查试验区等。这些示范区和示范基地，不仅重复且只是注重挂牌，缺少示范内容的要求和经验总结，对页岩气勘查开发没有起到应有的"示范"作用。

(4) 面临的诸多突出问题还没有解决。综合起来主要包括以下几个方面：页岩气资源调查评价有待深化，尚需寻找"甜点"，落实资源基础；部分勘查开发核心技术还有待持续攻关，需要增强自主创新能力；机制和体制改革滞后，市场参与主体少，市场开放程度低;开发利用模式单一,注重节约集约高效利用不够;基础设施建设缺乏统一规划,重复和低水平建设;环境保护缺乏统一标准和评价规则,环境监管薄弱;政策扶持力度不大,且政出多门不协调;地方政府和当地居民的利益无法体现,甚至出现矛盾和纠纷;缺少金融支持,融资渠道不畅,相关基金难以进入;政府监管缺位,尚未形成统一有效的监管制度和体系。此外,与国内常规油气相比,页岩气勘查开发成本高、难度大、效益低,这也是制约页岩气勘探开发的关键问题。

存在的这些问题若得不到有效解决,中国页岩气不可能有大的发展。因此,必须要立足国情,面对现实,以改革的精神和务实的作风,探索出适合加快中国页岩气发展的新路子,使页岩气真正成为中国能源的重要组成部分。

二、 建立页岩气特区的必要性和可行性

四川盆地及周缘地区,包括四川、重庆、贵州和云南、湖南、湖北部分地区,面积约 $45 \times 10^4 \ \text{km}^2$。建立中国第一个页岩气特区,先行先试,赋予其特殊的政策和地位,创新勘查开发和利用模式、机制,大力推动页岩气勘查开发。同时也为今后建立陆相页岩气特区和海陆过渡相页岩气特区,以及为我国油气改革开路先行试点。

(一) 必要性

(1) 建设页岩气特区为推进能源革命提供切入点。既然要革命,就要有"根据地",依托特区推进能源供给革命,建立多元供应体系,立足国内增加页岩气供应,实现绿色环保开源,为经济稳定增长提供支撑;推进能源消费革命,以页岩气为重点,走出一条清洁、高效、安全、可持续的能源发展之路;推进能源技术革命,紧跟国际页岩气技术革命新趋势,带动产业升级,推动技术、产业和商业模式创新,把页岩气技术及其关联产业培育成带动中国产业升级的新增长点;推进能源体制革命,打通能源发展快车道,还原页岩气作为能源商品属性、构建竞争有序的能源体制机制。

(2) 建设页岩气特区为经济新常态提供清洁能源。在中国经济进入新常态下,虽然对能源需求增速放缓,但未来一段时期,对天然气的需求仍将保持较快增长。2014

年中国天然气消费量为 $1\,830 \times 10^8\,\mathrm{m}^3$,占能源总消费比重的 5.8%,而全球为 23.8%。中国城市化进程和治理大气污染必将带动天然气消费持续增长。中国页岩气不仅资源潜力大,而且可以转化为现实产量。据保守测算,在现有体制下,2020 年页岩气产量将达到 $300 \times 10^8\,\mathrm{m}^3$,2030 年 $800 \times 10^8\,\mathrm{m}^3$。那么,建设页岩气特区后,2021 年页岩气产量将达到 $1\,000 \times 10^8\,\mathrm{m}^3$,2030 年达到 $1\,500 \times 10^8\,\mathrm{m}^3$,清洁能源供应能力将大幅提高。

(3) 建设页岩气特区为实现能源安全提供保障。国际地缘政治瞬息万变,中国能源发展要立足国内,以我为主。据分析,到 2030 年国内常规天然气持续增长,产量将达 $2\,800 \times 10^8\,\mathrm{m}^3$,消费需求为 $5\,800 \times 10^8\,\mathrm{m}^3$,如果页岩气不能实现规模生产,中国的天然气对外依存度将达到 50% 以上。加上国外进口天然气高昂的供应价格制约天然气需求的扩展,天然气安全供应问题凸显,这必将影响中国将天然气作为高效、安全和可持续能源的战略取向。

(4) 建设页岩气特区为油气改革提供先行经验。我国油气领域市场化改革滞后,在全球油气变局中处于被动局面,油气生产和使用成本偏高,自身效益下降,国有资本收益低;油气企业大而不优、大而不活。油气矿业权高度集中在三大油气企业,勘探投入严重不足;油气市场体系不健全,上中下之间垄断分割;油气管理体制薄弱,多部门职能分散交叉导致部门间管理不协调;油气监管体系不健全,监管能力不足。对油气体制大刀阔斧进行改革势在必行。而几年前页岩气已率先进行了市场化探索,积累了一定的经验,通过建立页岩气特区,为下一步的油气体制改革提供有益经验。

(5) 建设页岩气特区为乌蒙山、武陵山片区脱贫致富提供经济支撑。页岩气特区范围覆盖了国务院确定的乌蒙山、武陵山片区区域发展与扶贫攻坚区的大部分县市,这里集革命老区、民族地区和贫困地区于一体,是贫困人口分布广、少数民族聚集多的连片特困地区。加快发展页岩气对保障和改善民生,将乌蒙山、武陵山片区建设成为扶贫、生态与人口统筹发展创新区、国家重要能源基地具有十分重要的意义。

(6) 建设页岩气特区为经济增长提供拉动力。当特区页岩气产量达到 $1\,000 \times 10^8\,\mathrm{m}^3$ 时,需要直接投资 $(4\,000 \sim 5\,000)$ 亿元,同时带动与页岩气相关的多个产业发展,全产业链投资规模在万亿元以上,这对国民经济的拉动作用十分显著。

(二) 可行性

(1) 页岩气资源丰富,资源落实程度高。全国页岩气资源调查评价结果表明,四川盆地及周缘地区页岩气地质资源量为 65×10^{12} m³,可采资源量 10×10^{12} m³,约占全国的一半。已实现勘查突破的龙马溪组页岩气有利区面积 7.5×10^4 km²,其核心区面积 3.5×10^4 km²,可采资源量 3×10^{12} m³。此外,牛蹄塘组、须家河组、自流井组有利区面积均在 4×10^4 km² 以上,可采资源量合计 8×10^{12} m³。尽管该区地表作业条件比美国要差,但龙马溪组地层压力系数、有机质类型和丰度、页岩段脆性和可压性等参数优良。在这一地区的龙马溪组再找到几个"涪陵页岩气产区"是很有可能的。

(2)勘查开发取得突破,已形成规模产能。在四川盆地及周缘的页岩气已突破地区,国家有关部委挂牌建设了若干个国家级页岩气示范区和基地。中石化已在重庆涪陵建成中国第一个页岩气田,中石油在四川长宁、威远和云南昭通地区也实现了页岩气开采商业化。湘鄂西和渝东、黔北等招标区块也发现了具有经济开采价值的页岩气。

(3)勘查开发技术成熟,装备基本实现国产化。目前,在这一地区,已基本掌握了页岩气地球物理勘探、钻井、完井、压裂改造等技术。形成了一套符合该区地层特点、适应性良好的水平井优快钻井、长水平段压裂试气和试采开发配套技术体系,非震物探识别与预测技术、水基钻井液等技术和自主研发的可移动式钻机、3000 型压裂车、桥塞等也已达到国际领先水平。

(4)水资源有保障,环境影响基本可控。该区位于长江上游,水系发育,水资源丰富,可提供页岩气大规模开发所需用水。据测算,$1\,000 \times 10^8$ m³ 气的总耗水量约为 4×10^8 m³ 水,仅为该区耗水量的 1.6%~1.8%。目前美国有十多万口页岩气井,十多年来并没有发生有社会影响的环境事故。只要严格按照操作规程作业,水资源保障完全可以控制,不会造成地下水和地表污染。

(5)地方政府态度积极,投入产出效益好。四川省将页岩气列为五大高端成长型产业之首;重庆市制定了页岩气发展规划,作为新的经济增长点加以落实;贵州、湖南、湖北、云南等省主动采取多项措施,加大对页岩气勘探开发支持力度。地方政府从页岩气在增加能源供给、增加装备制造业产值和优化升级、增加重化工原料和燃料、燃料替代和以气代油、减少温室气体排放、增加创利和税收等多方面认识到页岩气对地方经济发展的重要性。

三、 建立页岩气特区的构想

（一）总体思路

以党的十八大及十八届三中、四中、五中全会精神为指导，贯彻落实中央关于能源革命和油气改革的要求，解放思想，实事求是，尊重市场经济和油气工作规律，借鉴深圳特区和上海自贸区建设及乌蒙山、武陵山片区区域发展与扶贫攻坚经验，以市场化改革为核心，建立公平竞争、开发有序、市场对资源配置起决定性作用的市场体系；以体制改革和机制创新为主线，打破传统界限和限制，搭建先行先试和综合试验平台，建立一套适合中国国情的页岩气体制机制和政策体系；兼顾国家、地方和相关方利益，充分调动地方政府、石油企业和社会各类投资主体的积极性，进一步促进页岩气勘查开发有序、健康、快速发展。为在鄂尔多斯盆地建立陆相页岩气特区和在南华北盆地建设海陆过渡相页岩气特区，以及为油气改革提供可复制、可推广的经验。

（二）试验目标

（1）总体目标

以 2016 年为元年，用 5 年时间，初步形成特区内良性互动的运行机制与体制，把特区建设成为页岩气勘查开发和利用、技术和装备制造产业发展、基础设施建设和环境保护、机制体制和政策体系等示范区，成为中国页岩气的主产区、技术创新攻关区、装备制造聚集区、页岩气综合利用商务区及油气改革先行先试区。

（2）具体目标

① 探明页岩气地质储量 $10 \times 10^{12} \ m^3$，可采储量 $3 \times 10^{12} \ m^3$；页岩气产量 $1\,000 \times 10^8 \ m^3$，占中国天然气总产量的 1/3。

② 页岩气地球物理勘探、水平井钻完井、压裂改造、泥浆体系等技术自主设计和施工；装备实现国产化，钻机、压裂等设备国际领先，形成一套适合我国国情的页岩气技术创新体系。

③ 形成促进页岩气勘查开发利用的新体制、新机制。

④ 制定和形成页岩气矿业权出让、投资和金融、税收和收益分配、土地和用水、环

保和监管、公共服务和信息共享的政策体系。

⑤ 形成可复制、可推广的页岩气特区建设和发展经验，为油气改革提供先行经验。

(三) 试验内容

按照整合资源、集中优势、综合试验的方针，探索和构建页岩气勘查开发新模式、新机制，以推动页岩气发展。具体在以下 10 个方面进行试点。

(1) 创新体制机制。以特区为单元，建立健全特区协作发展机制，统一制定页岩气发展规划，协调组织实施，统筹页岩气开发和社会管理，建立页岩气公共服务信息资源共享平台。通过页岩气勘查开发、基础设施对接、生态环境共建，构建渝东南和渝东北、川南和川东、黔北和黔西、滇东、鄂西、湘西等页岩气开发重点片区。坚持转变职能，减少行政审批事项，规范行政审批程序，构建各种所有制经济主体平等进入、公平参与市场竞争、使用生产要素、同等受到法律保护的体制环境。

(2) 放开和重新配置区块。目前四川盆地设有油气探矿权(含页岩气，下同)50 个，勘查面积 24×10^4 km^2，油气采矿权 117 个，开采面积 13 375 km^2。盆地外围地区设有油气探矿权 20 个，勘查面积 10×10^4 km^2。包括页岩气在内的油气富集地区已基本被石油企业所登记，这是制约页岩气发展的主要瓶颈之一，必须重新整合和配置特区内的油气区块，择优勘探开发优质资源。在特区范围内，石油企业正在开采的区块、正在建设产能的区块、已探明并提交储量的区块仍由石油企业勘查开发；上述情况之外已登记区块的页岩气富集地区，仍由石油企业勘查开发，但须按照页岩气招标区块承诺的工作量进行投入，若石油企业在规定时间内不投入的，由其依法退出，并由国土资源主管部门统一组织区块招标；页岩气空白区块通过招标出让探矿权。

(3) 调查评价落实"甜点"。在已完成的全国和贵州省页岩气资源调查评价以及正在进行的重庆、四川页岩气资源调查评价工作的基础上，整合中央、地方、石油企业和科研院校等多方力量，调整工作思路和布局，发挥中央和地方公益性投入对页岩气资源调查工作引领支撑作用，总结和利用石油企业在该区多年的工作经验和资料积累。加大投入力度，加强综合研究，将工作重点放在优选勘查开发有利区和寻找落实"甜点"上，提出近期勘查突破区，并对"甜点"区的水文地质条件进行调查评价。探索页岩气形成与富集地质理论，进一步揭示页岩气特征和富集机理及地质模式，建立页岩气资源评价方法体系和有利区优选标准及技术规程。同时,建立页岩气资料库,提高成果资料的公益性服务水平。

（4）联合开展关键技术攻关。系统总结重视中石化在涪陵、南川,中石油在长宁、威远、昭通等地区已形成的压裂配套工艺和革新技术、"井工厂"压裂施工模式、水力泵送复合材料桥塞、水基钻井液等自主创新技术,进一步优化,达到国际先进水平。组织力量,联合开展钻井地质导向、随钻测量、微米-纳米结构与成分分析等关键技术攻关,形成具有自主知识产权的技术体系,在特区内加以推广应用。

（5）统一规划建设基础设施。统一规划特区内与页岩气相关的基础设施建设。在管网建设方面,探索"网运分开、公平入网、多元经营、多元投资"模式。建立统一的管网运营和销售体系;实行气源多元化,允许各类经营主体从事气源业务,页岩气、煤层气等均可进入管网运输,允许各类投资主体以独立法人资格参与管网和 LNG 接收站、储气库等相关设施的投资经营。在供水和水处理及道路建设等方面,对页岩气勘查开发集中成片的地区统一建设供水管网和污水回收处理系统,以及保证页岩气勘查开发施工所需的道路和相关设施。

（6）优化利用结构和方式。在特区因地制宜制定页岩气利用规划,鼓励页岩气的就地消化利用,促进天然气利用结构的调整,引导页岩气利用向产出效益好、产业链完善和带动能力强的支柱产业倾斜。在优先考虑居民生活用气、商业和公共服务设施用气的同时,重点对天然气汽车和加气站、分布式能源、燃料和化工以及天然气热电联供项目进行规划。发挥价格杠杆的作用,探索页岩气价格被市场所能接受的改革措施。

（7）探索环境监管标准规范。借鉴美国页岩气开发环境监管标准和经验,结合中国的特点,实行与美国同步或略低于美国的环保标准,建立既能保住环境底线,又能使企业有赢利空间的环保制度。参照国内现有的生态功能区划、自然保护区、主体功能区以及相关环评制度等,探索和研究页岩气区块优选、井场选择、钻井和水力压裂、废水排放和处理、固体废弃物利用和处理、甲烷逸散排放和回收等标准。研究制定在现有技术条件下页岩气勘查开发环评技术导则,形成中国页岩气开发环境监管标准指标体系。

（8）给予特殊政策扶持。围绕特区规划目标和任务,制定特殊的经济政策,中央财政加大页岩气公益性建设项目投资和对页岩气基础设施建设项目贷款的贴息扶持。

出台特殊税收优惠政策,如企业所得税"三免三减半"政策。对进口国内不能生产的自用设备以及按照合同随设备进口的技术及配套件、备件免征关税。资源税收入全部留给地方。中央投资向页岩气产业、基础设施和生态环境等领域倾斜。鼓励社会投资,支持特区内符合条件的项目借用国际金融组织和外国政府优惠贷款。制定页岩气产业发展政策,重点支持页岩气勘查开发、管网建设、装备制造、特色化工的发展,在投资管理上予以优先考虑,在用地、信贷等方面给予政策倾斜。兼顾中央、地方和企业的利益,在收益分配上适当向地方倾斜。采取租赁、参股等方式盘活土地资源,增加当地居民在页岩气开发中的收入。

(9) 探索金融支持渠道和方式。积极推动特区金融产品和服务方式创新,引导银行业金融机构加大对特区页岩气贴息贷款的投放力度,努力满足特区内页岩气勘查开发的资金需求。多方面拓宽特区发展融资渠道,积极支持和引导片区内符合条件的企业上市、发行短期融资券、中期票据、企业(公司)债券等直接融资工具。加大国家丝路基金投入,鼓励和支持在特区设立各类基金。

(10) 探索和建立监管体系。转变监管理念,创新监管模式。确定特区监管部门及其职责与分工,明确页岩气监管目的、主要内容和方式;建立健全监管工作规程,明确监管程序、方法和工作体系;建设监管队伍,强化监管与服务培训;建立监管信息平台和信息公开、公告制度。构建页岩气勘查开发监督管理与服务保障的新机制、新模式。

(四) 组织实施

(1) 成立页岩气特区协调机制。由国务院牵头,国家发展改革委、国土资源部、国家能源局、财政部、环保部、科技部、国资委、人民银行等部委和四川、重庆、贵州、云南、湖南、湖北等省市政府及中石油、中石化、有代表性的企业成立页岩气特区协调机制,研究制定页岩气特区发展规划和工作方案,负责重大问题决策,协调解决相关问题。国务院有关部门按照职能分工,加大对特区的支持力度,在政策制定、资金投入、项目安排上给予适度倾斜。国家发展改革委、国土资源部、国家能源局、财政部、环保部、科技部作为联系单位,分别联系一个省市,加强沟通协调,统筹研究、指导和帮助解决遇到的困难和问题,合力推进特区建设。

（2）组建页岩气特区管理委员会。页岩气特区管委会作为页岩气特区协调机制的办事机构，设在特区所在地具备相应条件的城市。借鉴上海自贸区或两江、贵安新区的管理经验，统筹特区建设工作，贯彻执行页岩气特区协调机制确定的重大决策和事项；统一协调各片区工作，编制特区发展计划，并组织实施。负责特区的管理和运营及日常工作。

（3）以页岩气特区所在省市为单元设立片区。充分发挥页岩气特区所在省市地方政府的作用，以省市为单元建立页岩气特区片区，在国务院页岩气特区协调机制和特区管委会的指导下，负责本省区页岩气勘查开发和利用工作，加强组织领导，健全工作机制，落实工作责任。明确指导思想、基本原则、战略定位、发展目标、空间布局和页岩气产业发展重点，组织编制本省市页岩气发展规划。强化特区跨省市协调机制，加强跨省市协作，打破行政分割，发挥比较优势，实现资源共享、优势互补，促进交流合作。

中国页岩气尽管起步晚，但经过多年的努力，已经有了一个良好的开端。页岩气的发展需要各方面的协助和配合，更需要我们为之努力。在前进的道路上还有许多困难需要我们去克服，还有许多问题需要我们去解决。我们相信，随着页岩气特区的建设，中国页岩气一定会科学、健康、有序地发展下去，实现跨越式发展。

参考文献

［ 1 ］中国重点地区页岩气资源潜力评价及有利区带优选项目.北京:国土资源部油
气资源战略研究中心,2010.

［ 2 ］全国页岩气资源潜力调查评价及有利区优选报告.北京:国土资源部油气资源
战略研究中心,2011.

［ 3 ］李玉喜,聂海宽,龙鹏宇,等.我国富含有机质泥页岩发育特点与页岩气战略选
区.天然气工业,2009(12):115－118.

［ 4 ］张金川,聂海宽,徐波,等.四川盆地页岩气成藏地质条件.天然气工业,2008,
28(2):151－156.

［ 5 ］张大伟.加快中国页岩气勘探开发和利用的主要路径.天然气工业,2011,
5(31):1－5.

［ 6 ］邹才能,董大忠,杨桦,等.中国页岩气形成条件及勘探实践路径.天然气工业,
2011,31(12):26－39.

［ 7 ］龙鹏宇,张金川,李玉喜,等.重庆及周缘地区下古生界页岩气资源潜力.天然气
工业,2009,28(12):125－129.

［ 8 ］张金川,徐波,聂海宽,等.中国页岩气资源勘探潜力.天然气工业,2008,28(6):
136－140,159－160.

[9] 罗健,戴鸿鸣,邵隆坎,等.四川盆地下古生界页岩气资源前景预测.岩性油气藏,2012,24(4):70-74.

[10] 张金川,李玉喜,聂海宽,等.渝页1井地质背景及钻探效果.天然气工业,2010,30(12):1-5.

[11] 陈尚斌,朱炎铭,王红岩,等.中国页岩气研究现状与发展趋势.石油学报,2010,31(4):689-694.

[12] 李建忠,董大忠,陈更生,等.中国页岩气资源前景与战略地位.天然气工业,2009,29(5):11-16.

[13] 董大忠,程克明,王世谦,等.页岩气资源评价方法及其在四川盆地的应用.天然气工业,2009,29(5):33-39.

[14] 李娟,于炳松,张金川,等.黔北地区下寒武统黑色页岩储层特征及其影响因素.石油与天然气地质,2012,33(3):364-374.

[15] 梁狄刚,郭彤楼,边立曾,等.中国南方海相生烃成藏研究的若干进展(三)——南方四套区域性海相烃源岩的沉积相及发育控制因素.海相油气地质,2009,14(2):1-19.

[16] 王兰生,邹春艳,郑平,等.四川盆地下古生界存在页岩气的地球化学依据.天然气工业,2009,29(5):59-62.

[17] 聂海宽,唐玄,边瑞康.页岩气成藏控制因素及中国南方页岩气发育有利区预测.石油学报,2009,30(4):481-491.